社区卫生工作实用丛书

丛书总主编 汪华　副总主编 吴红辉 姜仑 周明浩

社区营养与食品安全

实用手册

主　编：　周永林　甄世祺

副主编：　戴　月　滕臣刚　韦镇萍

编　者：（按姓氏拼音排序）

陈小岳　戴　月　高敏国　陆金凤

苗升浩　缪国忠　滕臣刚　韦镇萍

吴雨晨　张静娴　甄世祺　周永林

朱谦让

苏州大学出版社
Soochow University Press

图书在版编目(CIP)数据

社区营养与食品安全实用手册 / 周永林，甄世祺主编. —苏州：苏州大学出版社，2016.1
（社区卫生工作实用丛书 / 汪华主编）
ISBN 978-7-5672-1532-0

Ⅰ.①社… Ⅱ.①周… ②甄… Ⅲ.①社区－食品营养－手册②社区－食品安全－手册 Ⅳ.①R151.3-62②TS201.6-62

中国版本图书馆 CIP 数据核字(2015)第 237922 号

书　　名：社区营养与食品安全实用手册
主　　编：周永林　甄世祺
责任编辑：倪　青
出版发行：苏州大学出版社
社　　址：苏州市十梓街 1 号(邮编：215006)
印　　刷：苏州工业园区美柯乐制版印务有限责任公司
开　　本：700 mm×1 000 mm　1/16　印张：13.75　字数：250 千
版　　次：2016 年 1 月第 1 版
印　　次：2016 年 1 月第 1 次印刷
书　　号：ISBN 978-7-5672-1532-0
定　　价：34.00 元

凡购本社图书发现印装错误，请与本社联系调换。
服务热线：0512-65225020

《社区卫生工作实用丛书》
编 委 会

序

　　社区是宏观社会的缩影。开展社区卫生服务是社区建设的重要内容。社区卫生服务是在政府领导、社会参与和上级卫生机构指导下，以基层卫生机构为主体、以全科医师为骨干、合理使用社区资源和适宜技术，向社区居民提供综合性、主动性、连续性的基层卫生服务。社区卫生服务以社区居民健康为中心，以家庭为单位，以社区为范围，以需求为导向，以解决社区主要卫生问题、满足居民公共卫生服务和基本医疗服务需求为目的，是基层卫生工作的重要组成部分，是深化医药卫生综合改革的交汇点，也是实现"人人享有基本卫生保健"目标的基础环节。

　　改革开放以来，我国社区卫生事业有了很大发展，服务规模不断扩大，医疗条件明显改善，疾病防治能力显著增强，为增进人民健康发挥了重要作用。随着经济社会快速发展和居民生活水平的显著提高，社区卫生工作的质与量都发生了根本性的变化，但社区卫生工作者的专业素质与居民健康需求相比，目前仍存在较大差距。因此，加强基层社区卫生队伍的教育和培训，提高他们对社区卫生工作重要意义的认识，全面掌握社区卫生工作的目的、理论、知识和技能，成为当前极为紧迫和重要的工作。

　　这套《社区卫生工作实用丛书》就是为了适应现代社区卫生与文明建设的需要而设计的，注重实践、注重技能，全面反映了社区卫生工作实际情况，符合新时期和谐社区、文明社区、健康社区建设的新要求。《社区卫生工作实用丛书》由江苏省卫生和计划生育委员会策划，组织江苏省疾病预防控制中心、江苏省血吸虫病防治研究所、南京脑科医院等单位的几十位专业对口、经验丰富的专家精心编撰，历时一年多时间，把社区卫生工作者必须了解和掌握的"三基"知识撰写成册，力求打造成一套既是社区卫生工作者必备的实用指导工具书，又是基层社区公共服务人员喜爱的卫生知识参考书。

《社区卫生工作实用丛书》共有 10 个分册,涉及社区健康教育指导、社区心理健康服务、社区环境卫生、社区常见传染病预防与治疗、社区消毒与有害生物防控、社区常见寄生虫病防治、社区预防接种、社区营养与食品安全、社区灾难危机中的疾病控制与防护、社区卫生中辐射防护等内容。本丛书内容有别于教科书,没有介绍繁杂的基础理论,而是从基层卫生防护、疾病预防与控制工作的实际需要出发,力求内容新颖实用,通俗易懂,可操作性强,给广大社区卫生工作者以实际可行的指导,引导他们迅速掌握现代卫生防病保健的新理论、新技术,密切结合社区工作实际,把社区卫生工作做得更好、更加扎实。

　　希望本丛书成为基层卫生工作者开展社区卫生工作的一本实战手册,并能在实际工作中进一步修正和完善。同时,希冀通过本丛书的出版,带动开展"文明·卫生·健康社区行"活动,送卫生知识到社区,进万家,在社区中掀起全民"讲文明卫生,保社区平安"的热潮,从而提高社区全体居民的健康水平,为建设文明和谐的健康社区服务。

江苏省卫生和计划生育委员会副主任

二〇一五年八月

前　言

营养与食品卫生学主要研究饮食与健康的相互作用及其规律,作用机制以及据此提出预防疾病、保护和促进健康的措施、政策和法规等。它不仅具有很强的自然科学属性,还具有社会科学属性。食品安全是指食品无毒、无害,符合应有的营养要求,对人体健康不造成任何急性、亚急性或慢性危害。我国对食品安全十分重视,以预防为主,逐步建立了食品安全风险监测、风险评估和食品安全标准等基础性制度;建立了严格的全过程监管制度,对食品生产、销售、餐饮服务等各个环节以及食品生产经营过程中涉及的食品添加剂、食品相关产品实行全程监管;充分发挥消费者、行业协会、媒体等方面的监督作用,形成了食品安全社会共治的格局。

营养是人类健康素质和生命质量的物质基础,是社会经济发展中的一个重要环节。随着我国经济的快速发展和社会的进步,食物供应丰富了,人民的生活改善了,贫困人群减少了,我国人民营养状况比过去有了突破性的改善。营养状况的改善不仅为我国当前的经济建设提供了健康的劳动力大军,而且为我国长远建设所必需的人力资源发展带来了更好的前景。

随着经济的发展,人们在解决温饱后更关心怎样才能吃好,如何在享受美味的同时又能吃得有营养,如何通过调节饮食达到保健的目的。随着高血脂、脂肪肝、超重和肥胖、高血压、糖尿病、恶性肿瘤等慢性疾病对我国民众健康影响的逐渐突出,人们对通过合理饮食来预防疾病的关注度逐渐提高。随着科学的发展,人们开始认识到营养在生命过程中所起的重要作用,认识到合理营养不仅是维持身体健康所必需的,而且关系到人类素质的提高、民族的盛衰和国家的兴旺发达,是造福子孙后代的头等大事。营养健康已经成为人类生活的重要内容。

为了将营养学和食品安全知识更好地应用于实践,指导我国居民如何合理摄取营养,并普及食品安全知识,我们组织编写了《社区营养与食品安全实用手册》一书。由于编者水平有限,加之编写时间仓促,书中难免有疏漏和不当之处,恳请专家和读者批评指正。本书的编写和出版得到了有关专家的精心指导,在此一并表示衷心感谢!

目 录 ·············

下篇　社区食品安全篇

上 篇

社区营养篇

第一章

营养教育和社区营养管理基础

第一节 营养教育

营养教育(nutrition education)是以改善人的营养状况为目标,通过营养科学的信息交流,帮助个体和群体获得食物与营养知识,形成科学合理饮食习惯的教育活动和过程。营养教育是健康教育的重要组成部分。

一、营养教育概述

实施营养教育的目的在于提高各类人群对营养与健康的认识,消除或减少不利于健康的膳食因素,改善营养状况,预防营养性疾病的发生,提高人们的健康水平和生活质量。按照现代健康教育的观点,营养教育并不仅仅是传播营养知识,还应为个体、群体和社会改变膳食行为提供必需的营养知识、操作和服务。

营养教育可通过有计划、有组织、有系统和有评价的干预活动,为人们提供必需的营养科学知识和技能,普及营养与食品卫生知识,使其养成良好的膳食行为和生活方式,以便在面临营养与食品卫生方面的问题时,有能力做出有益于健康的选择。大量调查研究表明,营养教育具有途径多、成本低和覆盖面广等特点,对提高广大群众的营养知识水平、合理调整膳食结构以及预防营养相关性疾病切实有效,对提高国民健康素质、全面建设小康社会具有重要意义。

(一)营养教育的概念

营养教育是健康教育的一个分支和组成部分。营养教育包括通过影响营养问题的倾向因素、促成因素和强化因素,直接或间接地改善个体与群体的知、信、行的各种方法、技术和途径的组合。它主要是指通过营养信息传播和行为干预,帮助个人和群体掌握食品与营养卫生知识,认同健康的营养观念,转变对不良膳食习惯的态度,自愿采纳有益于健康的膳食行为和生活方式的教育活动与过程。其目的是消除或减轻影响健康的膳食营养的危险因素,改善营养状况,预防营养性疾病的发生,促进人们的健康水平和提高生活质量。

(二)营养教育的主要内容

(1)对从事餐饮业、农业、商业、轻工、医疗卫生、疾病控制、计划等部门的有关人员进行有计划的营养知识培训。

(2)培养良好的饮食习惯,提高自我保健能力。例如,对学生进行营养知识教育,使其懂得平衡膳食的原则。

(3)合理利用当地食物资源,改善营养状况,提高初级卫生保健人员和居民的营养知识水平。

(4)广泛开展群众性营养宣传活动,倡导合理的膳食模式和健康的生活方式,纠正不良的饮食习惯等。

(三)营养教育的主要工作领域

(1)有计划地对餐饮业、农业、商业、轻工、医疗卫生、疾病控制、计划等部门的有关人员进行营养知识培训。

(2)将营养知识纳入中小学的教育内容,教学计划中要安排一定课时的营养知识教育,使学生懂得平衡膳食的原则,从幼年开始培养良好的饮食习惯。

(3)将营养工作内容纳入初级卫生保健服务体系,提高初级卫生保健人员及其服务居民的营养知识水平,合理利用当地食物资源改善营养状况。

(4)利用各种宣传媒介,广泛开展群众性营养宣传活动,倡导合理的膳食模式和健康的生活方式,纠正不良饮食习惯等。

(四)营养教育对象及营养教育工作者需要具备的技能

1. 营养教育的主要对象

(1)个体:主要指公共营养和临床营养工作的服务对象。

(2)各类组织机构:包括学校、部队或食品企业等。

(3)社区:包括街道、居委会、餐馆、食品店、社区保健等各种社会职能机构。

(4)政府部门:包括政府部门的有关领导和工作人员。

2. 营养教育工作者需要具备的技能

（1）有丰富的专业知识和社会、文化知识。例如，掌握营养学、食品学、食品卫生学、卫生经济学等方面的专业理论知识，了解经济、政策、社会与文化因素对膳食营养状况的影响。

（2）具备传播学方面的知识，有较好的语言表达和信息传播能力。

（3）具备社会心理学、认知、教育以及行为科学的基础知识。

（4）有一定的现场组织和协调能力。

对高层次人员，还要求能够运用定量技术评价和解释统计分析结果。

（五）营养教育的基本方法和形式

人际传播是营养教育最基本和最重要的途径之一。人际传播活动的成功与否甚至是一项营养教育活动能否取得成功的关键。营养教育中常用的人际传播形式包括下列五种：

1. 讲座（lecture）

讲座是开展营养教育工作常用的一种传播方式，属公众传播范畴，是传播者根据受众的某种需要，针对某一专题有组织、有准备地面对目标人群进行的营养教育活动。其优点是受众面广，信息传递直接、迅速，通过口头传播，影响人们的观念，激发人们的思维；缺点是传播受众通常较被动，反馈不充分，且传播内容不易留存。

2. 小组活动（group discussion）

小组活动是指以目标人群组成的小组为单位开展的营养教育活动，如班组活动、妈妈学习班等。小组活动属于小群体传播范畴，由于受教育对象置身于群体中，受群体意识、群体规范、群体压力、群体支持的影响，因而更容易摒弃旧观念，接受新观念，发生知、信、行的改变。

3. 个别劝导（persuade）

个别劝导是指针对某一个干预对象的特殊不健康行为和具体情况，向其传授健康知识，教授保健技能，启迪其健康信念，说服其改变态度和行为。这是行为干预的主要手段。

4. 培训（training）

针对干预对象的需求进行培训也是营养教育的一种传播形式。这种培训是培训者和受训者面对面进行的，交流充分，反馈及时，培训者可以运用讲解、演示等方法逐步使受训者理解和掌握健康保健技能。这种培训不同于一般的知识培训，具有针对性强、目标明确、现学现用的特点。这种方式在健康教育活动中是不可缺少的，也是促进受训者建立健康行为的重要环节。

5. 咨询（consultation）

从传播的角度讲,面对面的咨询是一种典型的人际交流方式。常见形式有门诊咨询、随访咨询、电话咨询、书信咨询、媒介公众咨询等。这种方式简便易行,机动灵活,比较亲切,针对性强。

（六）营养教育的实施步骤

一个完善的营养教育项目应当包括下述六个方面的工作：

1. 了解教育对象

在实施营养教育之前,应充分认识教育对象特别需要的营养健康信息,为制订计划提供可靠依据。对待教育的目标人群进行简略地调查和评估,发现和分析其主要营养健康问题及其对生活质量的影响;进一步从知识、态度、行为等方面分析问题的深层次原因;同时对营养有关的人力、财力、物力资源,以及政策和信息资源进行了解和分析;知道该人群在膳食营养方面哪些行为可以改变,哪些行为不能改变或很难改变。

2. 制订营养教育计划

为确保某项营养教育活动有依据、有针对性、有目标地进行,必须根据实际情况制订营养教育计划。

首先根据与知信行关系的密切程度、行为可改变性、外部条件、危害性以及受累人群数量,确定优先项目;然后在此基础上确定营养干预目标,包括总体目标与具体目标;接着制订传播、教育策略以及实施计划,包括确定与分析目标人群、实施机构和人员、教育内容以及活动日程等。

营养教育评价计划也应当预先制订,包括评价方法、评价指标、实施评价的机构和人员、实施评价的时间以及结果的使用等。

另外,经费预算也是制订营养教育计划不可忽略的重要内容之一。

3. 确定营养教育途径和资料

根据营养教育计划,在调查研究的基础上,明确教育目标和教育对象,选择适宜的交流途径和制作有效的教育材料。为此,需要考虑以下几个方面的问题：

（1）确认是否有现成的、可选用的营养教育材料。如果能收集到相关的营养宣传材料,可直接选用;如果收集不到,可以自行设计制作,如小册子、挂图、传单等。

（2）确定对教育对象进行营养教育的最佳途径。宣传途径包括个体传播、面对面交流、讲课、大众传播等。

（3）确定最适合的营养教育宣传方式。宣传方式包括发放小册子、放映幻灯片或录像片、讲课等。

4. 营养教育前期准备

首先根据需求编写相关的营养教育材料,具体要求为内容科学、通俗易懂、图文并茂。为了使宣传材料内容准确、合适,还需要对准备好的宣传材料进行预实验,以便得到教育对象的反馈意见,进行修改完善。这时需要进行以下工作:

(1) 了解教育对象对这些资料的反映,有什么意见和要求,对宣教内容、形式、评价有何修改意见。

(2) 了解教育对象能否接受这些信息,能否记住宣传的要点,是否认可这种宣传方式。一般可采用专题讨论或问卷调查等方式了解有关情况。

(3) 根据教育对象所反映的问题,对教育资料进行修改。

(4) 综合分析,确定信息如何推广、材料如何分发、如何追踪执行。

5. 实施营养教育计划

实施营养教育计划包括确定宣传材料和活动时间表,让每个工作者都明白自己的任务,并通过所确定的传播途径把计划中的营养内容传播给教育对象。在传播教育的过程中,要观察教育对象对宣传材料有何反应,他们是愿意接受还是反对这些知识。如果反对,原因是什么;要按每一步骤查找原因,以便及时进行纠正。

6. 教育效果评价

通过近期、中期和远期的效果评价总结健康教育的效果。近期效果即目标人群的知识、态度、信息、服务的变化,中期效果主要是指行为和相关危险因素的变化,远期效果是指人们营养健康状况和生活质量的变化。例如,反映营养健康状况的指标有身高、体重;影响生活质量的指标有劳动生产力、智力、寿命、精神面貌以及保健医疗费用等。

根据上述几个方面的内容,以目标人群营养知识、态度和行为的变化为重点,写出营养教育的评价报告。通过上述评价,总结、归纳经验,以便进一步推广。

(七)营养教育的发展现状

发达国家的一些消费者协会、营养指导员和营养咨询师等经常通过电视、广播、出版物普及营养知识及健康信息,引导人们科学消费,揭穿虚假广告。例如,日本的一些大学食堂通过宣传和实施三色食品的营养管理,指导学生每天掌握吃多少红的、绿的、黄的食品。学生选好饭菜后会得到一张包含所点菜肴的价格和营养点数的饭菜账单,这样在日常生活中给学生提供很有意义的营养科学信息。

我国的营养教育在近十余年中得到了快速发展,特别是对幼儿园儿童和家长的教育方面取得了明显成效。通过营养教学活动,吃肥肉、睡前吃糖果、挑食和偏食、边吃边玩的人数显著减少,早饭前和睡前刷牙、饮奶的人数不断增加;家长在选择食物时,注重食物营养和孩子营养需要的人数不断增加。一些营养专家开展多层面营养宣教,主要方式有讲课、咨询及发放和张贴营养宣传材料等。

还有不少营养专业人员开展妇女产褥期饮食行为、营养知识水平调查,对社区肥胖成人进行膳食行为干预以及高血压营养教育,都取得了良好的效果,说明社区营养教育活动对改善居民不良的膳食习惯、树立平衡膳食观念是行之有效的。

营养教育在今后的社会经济生活中将发挥重要的作用。大量研究资料证明,现代社会居民中大多数慢性疾病的发生和发展与其不良生活方式有关。无论是作为独立的健康问题还是作为其他健康问题的影响因素,营养都与个体和群体的行为生活方式有密切关系。运用健康教育与健康促进的理论和方法改变人们的膳食行为不仅是必要的,而且是可行和有效的。

二、营养教育的相关理论

(一)健康传播理论

随着传播学在公共卫生与健康教育领域的引入,健康传播(health communication)于 20 世纪 70 年代中期诞生。进入 21 世纪,健康教育与健康促进已被确立为卫生事业发展的战略措施,在医疗预防保健中的作用日益加强。

传播是人类通过符号和媒介交流信息,以期发生相应变化的活动。它的特点是社会性、普遍性、互动性、共享性、符号性和目的性。一个传播过程由传播者、受传者、信息、传播媒介和反馈五个要素构成。在健康教育中可以应用组织传播、大众传播等多种方式,但人们最常用的手段仍是人际传播和群体传播。

健康传播是以"人人健康"为出发点,运用各种传播媒介、渠道和方法,为维护和促进人类健康的目的而获取、制作、传递、交流、分享健康信息的过程。

国际上以信息传播为主要干预手段的健康教育作为采用综合策略的健康促进项目的一个部分而开展的传播活动,称为健康传播活动或项目。健康传播活动是应用传播策略来告知、影响、激励公众、社区、组织机构人士、专业人员及领导,促进相关个人及组织掌握知识与信息、转变态度、做出决定并采纳有益于健康的行为的活动。

营养信息传播是健康传播的一个组成部分,是通过各种渠道,运用各种传播媒介和方法,为维护、改善个人和群体的营养状况与促进健康而制作、传递、分散和分享营养信息的过程。营养信息传播理论对营养教育项目的执行和有效完成具有重要的指导作用,也是广泛开展营养与健康知识宣传教育的理论基础。

(二)行为改变理论

健康教育的目的是帮助人们形成有益于健康的行为和生活方式,进而预防疾病、增进健康、提高生活质量。为此,需要研究人们的行为生活方式形成、发展与改变的规律,发现影响健康相关行为的因素,为采取有针对性的健康教育干预措施提供科学依据。目前,运用较多也比较成熟的行为理论包括知信行理论模式、健康信念模式与计划行为理论等。

(1)知信行理论模式(knowledge,attitude and practice,KAP)

将人们行为的改变分为获取知识、信念产生及形成行为三个连续的过程。"知"是指知识和学习,"信"是指正确的信念和积极的态度,"行"是指基于"知""信"而采取的行动。

该理论模式认为行为的改变有三个关键步骤:接受知识、确立信念和改变行为。这种理论模式直观明了,应用广泛。但在实践中,影响知识顺利转化为行为的因素很多,任何一个因素都有可能促进行为的顺利转化,也有可能导致行为形成和改变的失败。只有全面掌握知、信、行转变的复杂过程,才能及时、有效地消除或减弱不利影响因素,促进形成有利环境,进而达到改变行为的目的。

(2)健康信念模式(health believe mode)

健康信念模式是运用社会心理学方法解释健康相关行为的理论模式。在这种模式中,是否采纳有利于健康的行为与下列五个因素有关:感知疾病的威胁、感知健康行为的益处和障碍、自我效能(效能期待)、社会人口学因素和提示因素。这些因素均可作为预测健康行为发生与否的因素。健康信念模式已经得到大量实验结果的验证,对于解释和预测健康相关行为、帮助设计健康教育调查研究和问题分析、指导健康教育干预都极有价值,但涉及因素较多,模式的效度和可信度检验较困难。

(3)计划行为理论(theory of planned behavior,TPB)

计划行为理论是一种能够帮助理解人是如何改变自己行为模式的理论。尽管该理论已经在健康领域得到大量应用,并证实了该理论在健康领域的适用性,但由于健康相关行为特点各异,所以该理论对不同健康相关行为的预测能力也不尽相同。另外,在运用计划行为理论时,还需要与行为本身的特点相结合,从而彻底理解人们健康相关行为的发生与变化。

第二节　社区营养管理

社区营养(community nutrition)管理是指在社区内运用营养科学理论、技术及社会性措施,研究和解决社区人群营养问题,包括食物生产和供给、膳食结构、饮食行为、社会经济、营养政策、营养教育及营养性疾病预防等方面的工作。社区营养管理的目的是通过开展营养调查、营养干预、营养监测、营养教育等社区营养工作,提高社区人群的营养知识水平,改善膳食结构,增进健康,进一步提高社区人群的生活质量,同时为国家或当地政府制定食物营养政策、经济政策及卫生保健政策提供科学依据。

一、社区营养管理概述

按照世界卫生组织的概念,社区是指一个有代表性的区域,人口数为 10 万至 30 万,面积为 5000 ~ 50000km^2。在我国,社区主要是指城市里的街道、居委会或农村的乡(镇)、村。社区一般具有共同的地理环境和文化,也有共同的利益、问题和需要。

社区营养管理工作的范围涉及面广,按地域可划分为城市区域和农村区域。城市区域按行政划分为市区的街道、居民委员会,按功能可划分为企业、事业单位、机关、学校、居民生活区等。农村区域按行政划分为县(市)的乡(镇)、村民委员会。由于经济发展不平衡,城市区域的主要营养问题,如膳食结构不合理或营养过剩导致的高血压、冠心病、糖尿病等慢性病的发病率一般高于农村区域;农村区域人口相对分散,在经济不发达地区,部分农民经济收入偏低,营养摄入不足导致的缺铁性贫血、维生素 A 缺乏、佝偻病等营养缺乏病的发病率高于城市区域。社区营养管理几乎涉及所有人群,其中婴幼儿、学龄前儿童、青少年、孕妇、乳母、老年人等人群为主要工作对象。

开展社区营养管理工作的基本程序可分为五个步骤,即现状调查、确定项目目标、制订计划、执行计划、评价效果。社区营养管理的主要工作内容有以下三个方面:

(一) 了解社区人群营养和健康状况及其影响因素

开展社区人群营养和健康调查是社区营养工作的重要内容,其目的是全面了解被调查社区人群的食物消费水平、营养摄入量,评价膳食结构是否合理、营养是否平衡等;同时了解营养相关性疾病,如铁性贫血、夜盲症、糖尿病、肥胖、肿瘤、骨质疏松等常见慢性疾病的发生情况;还要应用营养流行病学调查和统计学方法,了解影响社区人群营养状况以及疾病发生的各种因素,如年龄、职业、教育程度、食物生产、家庭收入、饮食行为、生活习惯、社会心理、生态环境等,为有针对性地采取防治对策提供科学依据。

（二）社区营养监测、干预和评价

通过对有关营养状况指标的定期监测、分析和评价,掌握人群营养状况的动态变化趋势,及时发现人群中存在的营养问题及其产生原因,认识营养与疾病的联系,以便采取特定的营养干预措施,改善营养及有关健康问题。

（三）社区营养改善

可以采取多种措施来改善社区居民的营养与健康状况。例如,普及营养知识,改善卫生条件;推行食品强化和补充营养素,防治营养缺乏病;推广家庭养殖业,调整膳食结构,预防慢性疾病等。其中,进行营养教育和咨询服务是一项主要且经常性的工作。通过此项活动,向社区群众宣传营养知识及国家的营养政策,使社区群众营养知识水平提高,做到科学饮食、合理营养、增进健康。

二、社区居民营养与健康资料的收集

社区开展营养工作,首先要尽可能收集与社区居民营养健康有关的各种资料,以便于分析现状、确定存在的营养问题,研究造成这些营养问题的可能原因及影响因素,明确首先要解决的营养问题和需要干预的重点人群。

（一）需要收集的资料

1. 人口调查资料

了解当地的人口组成,如居民的年龄、性别、职业等,有助于评估当地的食物需要量和营养不良的发生状况。

2. 膳食营养调查资料

了解该社区居民的食物摄入种类和数量,通过体检和必要的实验室检查来了解人体营养状况。对农村居民还需要了解当地不同季节的食物生产、储存和食用情况。这些资料是衡量营养状况的重要指标。

3. 健康资料

健康资料包括不同年龄人群的身高、体重和其他体格测量资料,与营养有关的疾病发生率、死亡率及死亡原因等资料,以便研究营养与生长发育或疾病之间的关系。

4. 经济状况

通过了解人们的职业、收入情况,从而了解当地居民是否有足够的购买力。

5. 文化教育程度

了解人群的文化教育程度可为制定有针对性适合群众水平的宣传教育

材料提供依据。

6. 宗教信仰

了解不同宗教信仰人群所消耗的食物品种及差别。

7. 生活方式

了解个人卫生状况、饮食行为、吸烟、饮酒及个人嗜好等。

8. 供水情况

了解供水情况有助于鉴别可能传播疾病的水源或有无清洁卫生用水供给,是否有足够的水源供农作物的生长等情况。

（二）资料获得途径

1. 收集现有的统计资料

工作人员可从政府行政部门（卫生、财政、统计、环境、交通等）、卫生服务机构（医院、疾病控制中心、妇幼保健院等）、科研学术部门（院校、研究院等）及其他部门现有的相关统计报表、体检资料、学术研究报告或调查数据中获得所需的信息。在利用现有资料时应注意对所获得的资料进行质量评价,要注意发表的时间是否符合客观实际,经确定资料可靠后再进一步分析数据。并且要明确表述各项资料的来源,尊重原著作者或调查者的知识产权。

2. 访谈

访谈的对象包括领导者、社区居民、医务人员及专家等。访谈前要制定访谈提纲及内容。例如,您认为社区中主要的疾病和健康问题是什么,您认为造成这些问题的主要原因是什么,您认为怎样才能减少这些问题,您认为这些问题中应首先解决哪几个问题等。

3. 专题讨论

专题讨论是调查对象在一定时间内围绕主题进行讨论并由记录员现场记录讨论内容的活动。专题讨论的对象可以是本社区的居民代表、行政管理人员、卫生人员。主持人应有一定的人际交流技能和经验,并了解当地的基本情况,鼓励和启发大家讨论,有较好的组织能力,会调整和控制讨论的内容与进度。这种方式能够比较充分地进行信息交流,可以得到较好的沟通效果,从而获得丰富的信息资料。

4. 调查问卷

要获得人群发生某种事件的数量指标,如膳食营养状况、患病率,或探讨各种因素与疾病、营养之间的数量依存关系,可以采用现场调查、信函调查、电话调查等方式。现场调查可通过面对面调查和自填式调查两种方式进行。面对面调查形式比较灵活,对调查对象文化程度要求不高,问卷回收率较高,准确性也比较高;自填式调查一般较节省时间、人力及物力,但问卷回收率较低,内容也不够准确;信函调查和电话调查覆盖面比较广,但回收率较低。

三、社区动员

社区动员(community mobilization)是将满足社区居民营养需要和增进健康的目标转化成为社区居民广泛参与的社会行动的过程。要完成改善社区居民营养健康状况的复杂任务,营养工作人员和社区居民(包括各层领导)在社区营养管理工作中需要相互理解、相互支持和相互配合。社区动员对实现这一互动过程将发挥关键性作用。社区动员的目的在于鼓励和动员社区居民、有关政府部门及社会团体积极参与社区营养工作,争取他们在人力、财力、物力(如社区卫生服务人员、经费、宣传材料、物品、知识技能等)方面的支持,采取行动,以便解决社区的营养问题。社区动员主要涉及以下五个方面的工作:

（一）社区卫生专业人员主动参与

基层社区卫生人员是社区营养工作的具体执行者,也是社区营养工作计划制订、实施和评价的技术力量,他们对保证社区营养工作的顺利开展发挥着关键作用。因此,社区卫生专业人员自觉参与社区营养工作具有十分重要的意义。社区卫生专业人员自身需进行多种形式和途径的培训,这样他们不仅能够认识到社区营养工作的意义、职责和权利,而且还能够不断提高社区营养工作的知识水平和实践技能。

（二）促使社区人群主动参与营养工作

要促使社区个人和家庭有意识地关注营养问题,主动参与项目,包括讨论计划、项目实施及评价等过程。社区是开展社区营养工作的基本场所,社区的基层组织(居委会或村委会)是社区动员的主要对象。家庭是组成社区的基本细胞,利用家庭内的血缘关系和家庭中不同角色成员,社区营养工作更有可操作性和现实性。例如,一个家庭内的膳食模式和烹饪习惯往往影响的不是一个人,而是全家人。家庭父母对子女的影响不仅体现在生长发育和经济支持方面,更体现在道德观念、生活习惯、饮食行为等方面。因此,推动家庭参与是社区营养工作的社会基础。在这个工作中,要强调社区内重要或关键人物的参与对整个社区营养工作的影响。社区内的关键人物,如劳动模范、明星、任职领导等有名人效应的人,他们的参与对其他个体起着积极的促进作用。

（三）动员领导部门积极参与

领导是否积极参与,会直接影响到社区营养工作的开展效果。要通过各种方式和途径向有关领导宣传社区营养工作的目的、意义、预期效果及其对社区人群的贡献等,使各级政府领导、部门领导及时了解有关营养行动计划,争取他们对社区营养工作的支持。有关政府部门有很多重要的工作,如社区保健、计划生育、预防接种、社区营养等。每项工作都要分配人力、物力和财力。因此,社区营养工作也面临竞争,必须争取各级政府领导将社区营养与改善人民生活质量及促进社会经济发展联系起来,作为政府应尽的职责,并列入议事日程,制定必要的政策,统筹规划,增加投入,以保证社区营养工作的顺利开展。

（四）动员非政府组织参与

非政府组织主要包括各类团体组织,如国家和各省（市、自治区）的营养学会、食物与营养咨询委员会、学生营养与健康促进会、消费者协会、食品协会、老年协会、妇联、青联等。随着我国改革开放的深入,这些非政府组织在社会发展中发挥着日益重要的作用。它们在营养工作计划的制订、实施和营养的宣传教育及信息服务或财力等方面可给予一定的支持。在开展社区营养工作中,应及时向它们发送会议通知、简报和社会宣传资料等,提高这些组织中关键人物对社区营养工作的认识,鼓励他们提出意见,让他们积极参与社区营养工作的决策,促进社区营养工作的开展。

（五）加强部门之间的沟通、协调和合作

社区营养工作不是一个单纯的部门工作,它涉及卫生、教育、工商、新闻媒介等部门。在工作中要加强与上述各种机构、各类人员之间的联系和协调,以便建立有效的行政和业务技术管理体系,明确共同目标,发挥各自的专长、技能和资源,共同完成好社区营养管理这一重要使命。

总之,应通过社区动员,将社区营养工作融入社区整体工作中去,促进社区营养工作的开展,改善社区人群的营养知识水平和营养状况,提高社区人群的生活质量。

四、社区营养教育

社区营养教育的宗旨是提高社区居民对营养与健康的认识,使其掌握和利用营养科学知识,结合当地具体条件纠正营养缺乏和营养不平衡,从而使社区人群的营养健康状况和生活质量有所改善。大量研究和实践表明,营养教育对于提高社区居民的营养知识水平,合理调节膳食结构及预防营养缺乏病和慢性疾病是一项不可缺少的措施。

（一）社区营养教育的基本交流模式

1. 单向交流

单向交流过程为：来源→加工→信息→渠道→解码→受者。

2. 双向交流

除单向交流的过程外,还包括信息的反馈。

3. 大众交流

通过报纸、广播、电视、因特网等途径传播。

4. 参与式交流

所有的参与者都有同等的机会表达各自的意见、感受及经验。

(二)社区营养教育程序

1. 设计

有针对性地设计营养教育计划是营养教育取得成功的基础。营养教育的设计应包括以下内容:

(1)确定谁是教育对象,其主要特征是什么。例如,针对学生不吃早餐的问题,确定教育对象是小学生。

(2)确定教育目的。比如,教育计划的目的是通过宣传营养知识,使受教育的小学生了解不吃早餐的危害,纠正不良的饮食习惯和饮食行为,提高小学生的早餐就餐率。

(3)确定要宣传的知识及教育对象对这些知识的了解程度。要求教育对象了解营养需要量、营养与健康、合理的膳食结构和饮食行为。关于这些知识,宣传对象已知多少,他们还需要了解哪些信息。

(4)制定教育目标。例如,要求早餐就餐率增加,达90%~100%。

(5)选择评价指标和评价方法。例如,学生早餐就餐率及体重、身高、学习成绩的变化等。

(6)实施计划的日程、人员安排和经费预算。

2. 选择教育途径和资料

在调查研究的基础上,要明确教育目标和了解教育对象,以便选择有针对性的教育材料。需要注意尽量利用现有的营养宣教材料,选择营养宣教的最佳途径,以及宣教内容和宣教形式的最佳结合。

3. 准备营养教育资料和进行预试验

根据要求编写相关营养教育材料,并进行预试验。进行预试验主要是为了得到教育对象的反馈意见。可采用专题讨论或问卷调查方式了解有关情况,如教育对象对资料的反应,对宣传教育内容、形式、评价的建议,教育对象能否接受这些信息等。根据收集的意见对教育资料进行修改。

4. 社区营养教育实施

完成好上述准备工作后,就可以按照计划实施社区营养教育。教育内容和形式可根据不同的项目来选择。例如,可以通过举办营养培训班、散发营

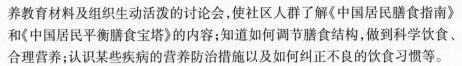

养教育材料及组织生动活泼的讨论会,使社区人群了解《中国居民膳食指南》和《中国居民平衡膳食宝塔》的内容;知道如何调节膳食结构,做到科学饮食、合理营养;认识某些疾病的营养防治措施以及如何纠正不良的饮食习惯等。

5. 社区营养教育评价

对营养教育计划活动的每一步骤进行分析,并进行综合评价。主要评价内容如下:

(1) 计划目标是否达到。例如,学生早餐就餐率是否达到90%~100%。

(2) 实施营养教育产生了什么效果。

(3) 每一阶段活动的执行是否按计划进行(包括工作内容、要求、经费使用进度等)。

(4) 营养计划有效果或无效果的原因是什么。

(5) 根据执行中的问题,对原计划是否需要进行补充。

(6) 取得了哪些成功的经验。

最后,根据这些评价内容写出营养教育的评价报告。

五、营养改善项目

社区居民营养与健康资料的收集是一项长期的工作。营养工作者可以根据社区具体情况,在适当的间隔时间进行相对集中的资料收集,以了解居民近期的营养状况,并就发现的问题采取营养干预措施,实施营养改善项目。

(一) 分析营养问题

在现状调查与分析的基础上,对所存在的营养问题进行综合分析,找出社区急需解决的重大问题。经过整理分析,尽力弄清以下问题:

(1) 哪些人患营养不良或慢性病,其年龄、职业、经济水平、民族等情况。

(2) 存在何种营养不良和慢性营养疾病。

(3) 营养不良的程度。

(4) 发生营养不良、慢性病的主要膳食原因。营养不良经常由多种原因引起。为了便于分析,可绘制一张简单的因果示意图,通过此图展示营养不良的不同原因及其相互之间的关系。

(二) 确定项目目标

项目目标是陈述希望通过开展相关活动所要获得的结果和成果。项目目标应描述得非常准确、清楚,使项目执行者明确应做什么。项目目标还应有一些衡量标准,以便于辨别活动是否开展得顺利。这些标准应包括项目所花的时间以及活动应达到的质量等。另外需要注意的是,项目目标要根据当地条件制定,做到切实可行。

确定营养改善项目目标时,应主要考虑以下几个方面:

(1)特定目标人群营养不良程度、性质和原因。

(2)干预项目涉及的范围、拥有的资源、社区参与等因素。

(3)拟选干预措施、干预的有效性、实施的可行性、成本效益,是否易于评估等。

(三)制订计划

计划是一个周密的工作安排,需要针对项目目标选择可行性干预措施并进行具体的活动安排。

1. 总体计划的主要内容

(1)对项目背景的描述。

(2)总目标及具体分目标。

(3)拟采取的营养干预措施。例如,普及营养知识、推行食品强化、补充营养素、改善婴儿喂养、扩种家庭菜园和果树、推广家庭养殖业、改善环境卫生条件等。

(4)所需的人力、物力清单。人力包括培训班师资、家庭菜园农业技术指导员等,物力包括营养宣传材料、蔬菜种子等。

(5)时间安排。例如,何时社区动员,何时举办培训班,何时进行家庭随访等。

(6)经费预算,包括现场组织管理费、培训费、现场调查与实验室检查费用、营养教育材料制作印刷费,以及采购蔬菜种子、果树苗的费用等。

(7)执行组织机构、领导及各协作单位的参加人员名单。

(8)项目的评价方案,包括过程评价与效果评价。

按照上述总体计划,还要制订年计划表和日程表。制订年计划应注意避开传统节假日及影响现场工作的重要时期,如农村农忙季节等。制定日程表是管理项目的重要手段。要求项目工作人员每天按日程进行工作,并将每天要做的事情(工作例会、现场动员、现场调查、家庭访问等)做详细的工作记录。记录要及时、突出重点、清楚易读。

2. 制订项目计划的要求

(1)针对性。通过安排的活动能够实现项目具体目标。

(2)可行性。计划能否在执行过程中顺利开展,主要取决于计划活动所涉及的资源、技术、经费、时间、社区的参与性等是否符合或满足要求。

(3)易于确定靶目标。活动计划应能够针对项目所选定的高危人群产生效果。

(4)低经费开支。选择最低限度的经费开支,应优先选用既花钱少又效益高的措施。

（5）易于评价。活动计划能较好地体现预期的项目目标，有一定的评判标准和可测量性。

（四）执行计划

在执行计划过程中，除了营养专业人员认真、细致做好工作以外，还应广泛发动和依靠群众，并注意保持部门间的密切配合。要在当地政府的领导下，与农业、商业、教育、卫生等部门共同协作，明确各部门的任务，建立良好的工作关系。做到部门之间共用资源，互通有无，以节省经费，同时做到各负其责。例如，营养专业人员主要负责营养教育、营养咨询和营养调查等；医院人员负责临床检查和临床治疗；农业技术员负责农业生产技术指导，开发农作物新品种，增加水果、蔬菜生产，发展养殖业等；商业部门工作者负责协调食物的供给等。

执行计划时要做好项目的档案、收支账目及现场工作的管理；做好项目报告制度，包括项目的工作进展报告、经费报告、总结报告及评价报告；要严格按制订的各项活动及时间安排执行计划，并进行监测，以便及时发现问题并进行修正。

（五）项目评价

计划执行结束或在执行过程中，对各项措施的效果要进行评价。通过评价可知道该项目取得了什么成绩、是否达到预期目的、营养项目的资源是否正确利用、有何成果、存在什么问题等，同时也为下一阶段的工作提供重要的科学依据。

评价营养改善措施主要围绕以下四个方面：

1. 投入（input）

投入主要是指开展项目所投入的资源（经费、食物、材料、交通等）和服务方劳动力、后勤等，如经费是否到位、使用是否合理、是否做到低成本高效益等。

2. 产出（output）

产出是指与投入有关的结果，也是对项目执行系统的评价。例如，覆盖率、增加食物生产、增加家庭的收入及增加食物购买力等是否达到预期目标。

3. 效果（outcome）

主要包括各种改善措施对营养健康状况的改善，以及产生行为和生理变化的效果，如知识提高、观念转变、行为和能力改变、营养不良发病率降低、死亡率的变化及儿童生长发育改善等。

4. 效益（benefit）

效益是指因改善措施、增进人体健康而可能带来的社会效益和经济效益。例如,提高劳动生产率,增强智力、体力,延长寿命,提高生活质量及降低医疗保健成本等。

六、社区营养改善示例

（一）社区高血压人群营养改善项目

1. 项目的意义

高血压是常见的慢性病,也是导致心脑血管疾病和肾病的重要危险因素。有研究资料表明,不合理的膳食结构、肥胖、精神紧张及缺乏运动是诱发高血压的重要危险因素。例如,食盐摄入过多可使高血压的发病率增高。我国北方人群食盐摄入量较多,高血压患病率(7.5%)明显高于广东等南方省市低盐饮食人群(3.5%)。理论和实践都证实,有效的干预措施可降低高血压患病率及由高血压导致的心脑血管疾病患病率。因此,高血压的防治具有可干预性,在社区人群中开展高血压的营养干预应作为防治慢性病的优先项目。

2. 社区的营养问题

经调查发现,北京某社区 35 岁以上人群高血压患病率为 13%,人群中80% 摄入高盐饮食,70% 摄入高脂饮食。许多人缺乏营养知识,不知道高盐和高脂饮食与中风有关,还认为不吃盐会没力气,体力劳动者应多吃盐;不知道要定期了解自己的血压和血脂情况;不知道什么是正常血压,不知道高血压与中风有关;可测量血压的地方少或因无症状而未测量过血压。

3. 项目目标

（1）总目标。在 5 年内该社区人群脑卒中死亡率从 1.5‰下降到 1‰;两年内该社区人群高血压患病率从 13% 下降到 8%。

（2）分目标。① 对高盐、高脂饮食与心脑血管疾病的关系知晓率分别从40% 和 50% 提高到 90%（知识改变）;50% 的炊事员会烹饪低盐、低脂食物（环境支持）。② 高盐、高脂饮食摄入率分别从 80% 和 70% 下降到 30%。③ 人群中正常血压知晓率从 50% 提高到 90%;80% 的医生掌握健康促进有关知识;80% 的医生在临床诊断时对病人给予健康促进有关问题的咨询;医院设立首诊病人量血压制度。④ 35 岁以上人群每年测血脂率从 5% 提高到50%;35 岁以上人群每年测血压率从 60% 提高到 90%;高血压患者按时服药及治疗率从 30% 上升到 70%。

4. 干预措施

（1）开展社区营养教育活动。营养教肩人员通过举办培训班,散发科普材料,使社区人群了解《中国居民膳食指南》和《中国居民平衡膳食宝塔》知识;知道如何调节膳食结构,做到科学饮食;知道高盐和高脂饮食与高血压和心脑血管疾病有关;知道什么是不正常血压值;知道应定期测量自己的血压及如何控制血压;知道如何纠正不良的饮食习惯。

（2）高危人群管理。由街道居委会、社区卫生服务中心、志愿者组建高血压监控网络,建立健康档案;对高血压患者定期随访,每月至少测血压一次;定期监测社区35岁以上人群血压,及时发现并处理不正常血压;纠正不良饮食行为和生活方式;强化高血压规范管理及个体化指导,包括药物和非药物治疗;高血压患者学会测量血压,科学服药。

（3）健康人群的健康管理。制定保健制度和政策;开展健康促进活动,每年至少2次;为每个居民楼购买血压表,并建立高血压监测信箱;对高血压规范管理的培训及对血压测量志愿者的培训;建立高血压管理信息系统;对35岁以上人群每年测量血压两次,检测血脂一次。

5. 评价效果

主要从以下几个方面进行效果评价:社区高血压计划活动是否按计划进度执行,营养教育的效果(高血压卫生知识、态度、行为的改变),高血压管理制度的执行情况(血压、血脂的变化),脑卒中死亡率的变化,高血压患病率的变化,项目经费开支是否合理,高血压患者的生活质量是否提高。

（二）农村学龄前儿童营养不良改善项目

1. 现状调查与分析

某村总户数280户,总人口1300人,15岁以上女性345人,男性315人,5岁以下儿童208人,其中1岁以下54人。该村离城40km,夏季常因雨涝导致交通阻塞。家庭人均收入较低。除村干部和少数人以外,绝大多数村民没有接受过正规教育。该村主要生产红薯、马铃薯和小麦,多数家庭有菜园,但种植品种单一。村里未种植果树,水果需要购买。村里养鸡户数少,鸡蛋用来孵小鸡或在市场上卖,一般只有节日里才能吃家禽、蛋、肉食品。村里有池塘,但未养殖水产品,村民平均每月吃鱼3次。新生儿一般母乳喂养约18个月,到1岁左右才添加辅食,多为红薯粥或土豆泥。住户大多使用旧式厕所,垃圾随意倒。经调查,5岁以下儿童死亡率约为2%,体重过轻儿童占比达25%,贫血率为35%。

2. 确定营养问题

根据以上资料分析,确定该社区存在营养问题。5岁以下儿童为营养不良的高危人群,体重过轻、贫血为主要营养不良和缺乏症,共有25%的儿童体重过轻,35%的儿童患贫血。发生营养不良的主要原因是缺乏足够的食品,如水果、蔬菜、肉、鱼、蛋,以及不当的喂养方式与不良的卫生环境。食物生产供应不足、家庭收入低、食物购买力低是根本原因。

3. 制定项目目标

（1）总目标。3 年内 5 岁以下儿童体重过轻发生率从 25% 下降到 10%，贫血率从 35% 下降到 15%。

（2）分目标。一年内，通过举办父母营养教育培训班，要求 80% 的父母懂得婴幼儿辅食添加的好处和正确的添加方法。两年内，参加扩种家庭菜园的家庭达到 80%，种植大豆的家庭达到 80%，种植果树的家庭达到 30%，养殖家禽的家庭达到 60%。

4. 干预措施

设计制作营养宣传材料；举办父母营养培训班及进行小组专题讨论；举办扩种家庭菜园（包括大豆种植）培训班，并进行现场技术指导、示范；举办家庭养殖业培训班，并进行现场技术指导、示范；营养教育前后分别对 5 岁以下儿童进行体检（包括称体重、测血红蛋白水平等）。

5. 效果评价

主要从以下几个方面进行效果评价：项目是否按计划进度执行，营养教育的效果（教育材料、营养知识等），参加扩种家庭菜园的户数和面积，参加种植大豆的家庭户数和面积，参加种植果树的家庭户数和面积，参加养殖家禽的家庭户数和面积，5 岁以下儿童体重过轻发生率和贫血患病率。

膳食营养指导

人体每天都需要从膳食中获取各种营养物质来维持其生存、健康和社会生活。人体如果长期摄取某种营养素不足或过多，就可能发生相应的营养缺乏或过剩。为了做好居民的营养监测、评价和指导工作，我国分别于1955年、2000年和2013年制定并完善了《中国居民膳食营养素参考摄入量》，这在一定时期内对我国的食品工业、标准修订和居民膳食指导起到了积极作用。同时，我国于1989年、1997年、2007年制定并完善了《中国居民膳食指南》。此前后还相继公布了针对婴幼儿、儿童、青少年、孕妇、乳母及老年人等特殊生理时期人群对营养的特殊要求，为苯、铅、高温作业特殊人群制定了《特定人群膳食指南》。膳食营养指导就是指通过对消费者的膳食营养指导和对集体供餐单位的膳食营养管理，帮助消费者改善饮食结构，养成良好的饮食习惯，从而达到合理营养、促进健康、预防疾病的目的。

第一节　膳食营养指导和管理概论

人体如果长期摄入某种营养素不足，就有发生该营养素缺乏症的危险。当通过膳食、补充剂、药物等长期大量摄入某种营养素时，就有可能产生一定的毒副作用。膳食营养指导和管理是指针对居民膳食中存在的营养问题，指导合理膳食、促进健康、预防疾病。它具有容易实施、成本低、针对性强、效益高、受益面广等特点。其工作内容包括正确地选择食物、制订合理的膳食计划、评价膳食的营养价值和提出改进膳食质量的措施等。

一、膳食营养指导和管理的作用

（一）传递平衡膳食的理念

平衡膳食是指膳食中热能和各种营养素含量充足、种类齐全、比例适当，膳食中供给的营养素与机体的需要两者之间保持平衡。膳食的结构合理，既要满足机体的生理需要，又要避免因膳食构成的比例失调和某些营养素过量引起机体不必要的负担与近期或远期代谢紊乱。

"平衡膳食，合理营养，促进健康"是《中国居民膳食指南》的核心思想。膳食营养指导和管理的重要手段就是宣传《中国居民膳食指南》，向消费者灌输平衡膳食的理念，获取合理营养，促进身体健康。在对集体供餐单位的膳食营养管理工作中，不仅要用平衡膳食的原则来指导工作，还要向管理者、服务人员和进餐人员宣传这一理念，使其成为人们自觉实践的准则。

（二）养成良好的饮食习惯

人们选择食物有一定的生物学规律。大多数人会根据口味爱好选择更多的动物性食物、多油脂和多糖的食物。所以，良好的饮食习惯不是自然形成的，需要有科学知识的指导，经过很长时间的实践才能形成。良好的饮食习惯一旦养成，就会成为生活的组成部分，伴随人的一生，不仅自身受益，还会惠及家人以及后代，意义重大。膳食营养指导和管理工作的一项重要作用就是帮助消费者养成良好的饮食习惯。特别是在幼儿园和中、小学校，这种作用的意义十分深远。

（三）降低患相关疾病的风险

平衡膳食、合理营养既可以预防营养缺乏病，又可以降低一些慢性病的发生风险。针对不同人群的问题或特点进行适当的膳食营养指导和管理，能够有效地改善个体或群体的营养状况，减少患相关疾病的危险，有助于某些营养缺乏病或慢性病患者的康复。

二、膳食营养指导和管理的内容

（一）食物选择

食物种类繁多，不同的食物具有不同的口味和营养特点，所以选择食物时要包含《中国居民平衡膳食宝塔》中所列举的五大类食物，以便制作出营养全面而又美味可口的膳食。另外，食物在生产、加工、运输和保存的过程中会发生许多变化，包括食物的污染、变质和营养素的损失等，所以要尽可能选择新鲜、优质的食物。

（二）计划膳食

计划膳食是指为个人或团体设计一个食谱,使其既能满足消费者的营养需要,同时又能被进餐者愉快地接受。因此,编制食谱时要尽量采用多种多样的食物,尽量采用当地生产和供应的食物,力求经济实惠,同时还要考虑到进餐者的社会经济状况、宗教信仰及饮食文化传统等因素。

（三）膳食评价

用适宜的方法收集消费者的膳食资料,与《中国居民平衡膳食宝塔》中建议的各类食物摄入量进行比较,发现其膳食结构的主要偏差。同时可以计算出平均每人每日各类营养素的摄入量,根据进餐者的生理特征和体力活动强度选择适宜的膳食营养素参考摄入量指标,比较二者的差异,发现摄入不足或摄入过多的营养素。这种评价的结果既可作为膳食改善的基础,又可作为计划膳食的依据。

（四）膳食改进

膳食改进的目的是纠正当前膳食中存在的问题,使膳食更加均衡、合理,能够提供充足而又不过多的能量和各种营养素,以满足就餐人员的营养需要。简单的方法就是以《中国居民平衡膳食宝塔》为标准,发现摄入不足和过多的食物种类并进行相应的调整。比较准确的方法是计算出进餐者平均每人每日各类营养素的摄入量,并与适当的膳食营养素参考摄入量指标进行比较,发现摄入不足或摄入过多的营养素,采取适当的干预措施加以改善。

第二节　膳食营养素摄入量及其应用

膳食营养素参考摄入量(dietary reference intakes, DRIs)是在推荐的每日膳食营养供给量(recommended dietary allowance, RDA)基础上发展起来的一组每日平均膳食营养素摄入量的参考值。RDA 的制定目标主要是预防营养缺乏疾病,但随着社会经济、营养科研的发展,食物资源的丰富,膳食模式的改变带来了一些与营养失调相关的慢性非传染性疾病高发等问题,因而对营养素摄入量标准提出了新的要求,膳食营养素参考摄入量的提出及应用正是社会发展的需要。

一、膳食营养素参考摄入量的基本概念

膳食营养素参考摄入量(DRIs)是一组每日平均膳食营养素摄入量的参考值,包括四项内容,即平均需要量(estimated average requirement, EAR)、推荐摄入量(recommended nutrient intake, RNI)、适宜摄入量(adequate intake,

AI）和可耐受最高摄入量（tolerable upper intake level，UL）。

（一）平均需要量

EAR 是指群体中各个体需要量的平均值，是根据个体需要量的研究资料计算得到的。EAR 是依据某些指标进行判断得出的可满足某一特定性别、年龄及生理状况的群体中半数个体需要量的摄入水平。这一摄入水平能够满足该群体中 50% 的成员的需要，不能满足另外 50% 的个体对该营养素的需要。EAR 是制定 RNI 的基础。

（二）推荐摄入量

RNI 相当于传统使用的 RDA，是指可以满足某一特定性别、年龄及生理状况群体中绝大多数（97% ~ 98%）个体需要量的摄入水平。长期摄入 RNI 水平的食物，可以满足身体对该营养素的需要，保持健康，维持组织中有适当的储备。RNI 的主要用途是作为个体每日摄入该营养素的目标值。

RNI 是以 EAR 为基础制定的。如果已知 EAR 的标准差，则 RNI 定为 EAR 加两个标准差（SD），即 RNI = EAR + 2SD。如果关于需要量变异的资料不够充分，不能计算 SD 时，一般设 EAR 的变异系数为 10%，这样 RNI = 1.2 × EAR。

（三）适宜摄入量

当某种营养素的个体需要量研究资料不足，没有办法计算出 EAR，因而不能求得 RNI 时，可设定适宜摄入量（AI）来代替 RNI。AI 是指通过观察或实验获得的健康人群某种营养素的摄入量。例如，纯母乳喂养的足月产健康婴儿，从出生到 4—6 月龄，他们的营养素全部来自母乳。母乳中供给的各种营养素量就是他们的 AI 值。AI 的主要用途是作为个体营养素摄入量的目标。

AI 与 RNI 的相似之处是二者都用作个体摄入量的目标，能够满足目标人群中几乎所有个体的需要。AI 和 RNI 的区别在于 AI 的准确性远不如 RNI，可能明显高于 RNI。

（四）可耐受最高摄入量

UL 是指平均每日可以摄入某营养素的最高量。可耐受最高摄入量对一般人群中的几乎所有个体都不至于损害健康。当摄入量达到 UL 水平并进一步增加时，损害健康的危险性随之增大。当一个人群的平均摄入量达到 EAR 水平时，人群中有半数个体的需要量可以得到满足；当摄入量达到 RNI 水平时，几乎所有个体都没有发生缺乏症的危险；摄入量在 RNI 和 UL 之间是一个安全摄入范围，一般不会发生缺乏，也不会中毒；摄入量达到 UL 水平并继续增加，则产生毒副作用的可能性随之增加。

二、膳食营养素参考摄入量的应用

人体每天都需要从膳食中获得一定量的各种必需营养成分。如果人体长期摄入某种营养素不足,就有发生该营养素缺乏症的危险;当通过膳食或其他途径长期大量摄入某种营养素时,就可能发生一定的毒副作用。图2-1说明了营养素摄入水平与随机个体发生营养素缺乏或产生毒副作用概率的关系。

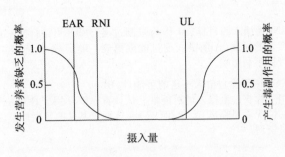

图 2-1 营养素摄入不足或过量的危险性图解

如图2-1所示,当日常摄入量极低时,随机个体发生营养素缺乏的概率为1.0。就是说,如果一个人在一定时间内没有摄入某种营养素,就会发生该营养素的缺乏病;如果一群人长期不摄入某种营养素,他们将全部发生该营养素的缺乏病。随着摄入量的增加,摄入不足的发生概率相应降低,发生营养素缺乏的危险性逐渐降低。当一个随机个体摄入量达到 EAR 水平时,他缺乏该营养素的概率为0.5,即有50%的机会缺乏该营养素;一个群体的平均摄入量达到 EAR 水平时,人群中有半数个体的需要量可以得到满足,另外半数个体的需要量得不到满足。摄入量增加,达到 RNI 水平时,随机个体的摄入量不足的发生概率变得很小,发生营养素缺乏的机会在3%以下;一个群体的平均摄入量达到 RNI 水平时,人群中有营养素缺乏可能的个体仅占2%~3%,也就是绝大多数的个体都没有发生缺乏症的危险。摄入量达到 RNI,若继续增加可能达到某一点,此时开始有摄入过多的征象出现,这一点可能就是该营养素的可耐受最高摄入量(UL)。RNI 和 UL 之间是一个安全摄入范围,日常摄入量保持在这一范围内,发生缺乏和中毒的危险性都很小。如果摄入量超过安全摄入范围并继续增加,则产生毒副作用的概率随之增加,理论上可以达到某一水平,机体出现毒副反应的概率等于1.0,即个体一定会或群体全部都发生中毒。在自然膳食条件下,这种情况是不可能发生的,但为了避免摄入不足和摄入过多的风险,应当把营养素的摄入量控制在安全摄入范围之内。

与 RDA 相比，DRIs 包含多项内容，可以针对个体和群体不同的应用目的提供更适宜的营养素摄入参考数据。DRIs 主要是应用于健康人及人群膳食营养标准。它不是一种应用于急性或慢性病患者的营养治疗标准（表 2-1），也不是为以往患过营养缺乏病的人设计的营养补充标准。

表 2-1　DRIs 在健康个体及人群中的应用

用途	个体	群体
计划	RNI 为摄入的目标；AI 作为限制过多摄入的标准，长期摄入超过此限可能产生不利影响。	EAR 可结合摄入量变异值应用，确定一个特定人群的平均摄入量。
评价*	EAR 用于检查摄入不足的可能性；UL 用于检查过量摄入的可能性。估计真实情况需要临床、生化和（或）人体测量资料。	EAR 用于评价一个群体中摄入不足的发生概率。

*需要统计学上可靠的日常摄入量估计值。

DRIs 的应用不外乎评价膳食质量和计划合理膳食两大范畴，这两个应用范畴是互相联系的。

（一）DRIs 在膳食质量评价方面的应用

DRIs 包含 EAR、RNI、AI、UL 等参考值，需要根据使用的目的正确选择适宜的指标来评价膳食质量。表 2-2 简要列出了各项参考值在膳食评价中的用途。

表 2-2　应用 DRIs 评价个体和群体膳食质量

指标	个体	群体
EAR	用于检查日常摄入量不足及其发生概率。	用于估测群体中摄入不足个体所占的比例。
RNI	日常摄入量达到或超过此水平，则摄入不足的发生概率很低。	不用于评价群体的摄入量。
AI	日常摄入量达到或超过此水平，则摄入不足的发生概率很低。	平均摄入量达到或超过此水平，则摄入不足的发生概率很低。
UL	日常摄入量超过此水平，则可能存在健康风险。	用以估计人群中面临过量摄入健康风险的人所占的比例。

（二）DRIs 在计划膳食方面的应用

进行计划膳食的目的是让广大消费者获得营养充足而又不过量的饮食。

计划膳食可分为多个层面,既可以是为简单的个体计划食物采购和餐饮的安排,也可以是为消费群体计划食物购买和食谱安排;还可以是更大规模的计划,如一个政府部门制定地区性营养改善计划或食物援助项目等。应用 DRIs 为健康人计划膳食可概括如表 2-3 所示。

表 2-3　应用 DRIs 对健康个体和群体计划膳食

指标	个体	群体
EAR	不应作为计划个体的摄入量目标。	作为摄入不足的切点,计划群体膳食,使摄入不足者所占的比例很低。
RNI	计划达到这一摄入水平。如果日常摄入量达到或超过此水平,则摄入不足的发生概率很低。	不应当作为群体计划摄入量。
AI	计划达到这一摄入水平。如果日常摄入量达到或超过此水平,则摄入不足的发生概率很低。	用以计划平均摄入量水平。如果平均摄入量达到或超过此水平,则摄入不足者所占的比例较低。
UL	计划日常摄入量低于此水平,以避免摄入过量可能造成的危害。	用作计划指标,使人群中摄入过量的发生比例很小。

应用 DRIs 为个体计划膳食营养时,首先应设定适宜的营养素摄入目标,再紧紧围绕《中国居民膳食指南》和《中国居民平衡膳食宝塔》制定食物消费计划。当然也可以根据当地食物营养成分来验证膳食计划能否提供充足的营养素。在某些特定的情况下,还可利用强化食品或营养素补充剂来保证特定营养素的供给。

应用 DRIs 为群体计划膳食时,需要分多个步骤来实施。群体分为均匀性群体和不均匀性群体。对均匀性群体,采用的方法主要涉及确定计划目标、设置"靶日常营养素摄入量分布"、编制"靶日常营养素摄入量分布"食谱、评估计划膳食的结果等多项工作。对不均匀性群体,因群体中的个体对营养素和(或)能量的需要是不一致的,可以用不同的方法进行计划。可以把最脆弱的亚人群,即营养素的需要量相对他们的能量需要最高的亚人群作为目标;在不可能把最脆弱人群作为目标的情况下,可以用营养素密度法(简单营养素密度法和靶营养素密度分布法)进行计划。

对个体或不同生理条件、不同年龄、不同工作强度人群的膳食质量进行评价与计划合理膳食时,应参照和依据《中国居民膳食营养素参考摄入量》(2013 版)的具体要求和数值进行。

第三节　膳食结构与膳食指南

一、膳食结构对居民健康的影响

膳食结构是指膳食中各类食物的数量及其在膳食中所占的比重。根据各类食物所能提供的能量及各种营养素的数量和比例来衡量膳食结构的组成是否合理。

（一）世界膳食结构模式及其特点

根据膳食中动物性、植物性食物所占的比重，以能量、蛋白质、脂肪和碳水化合物的供给量作为划分标准，一般将世界各国的膳食结构分为以下四种模式：

1. 日本膳食模式——动植物食物平衡的膳食结构

该模式以日本为代表。膳食中动物性食物与植物性食物比例适当。其特点是：谷类的消费量为日人均 300～400g，动物性食品消费量为日人均 100～150g，其中海产品所占比例达到 50%，奶类为 100g 左右，蛋类及豆类各 50g 左右，动物蛋白占总蛋白的 50% 左右；能量和脂肪的摄入量低于以动物性食物为主的欧美发达国家，每天能量摄入保持在 2000kcal（8400kJ）左右。宏量营养素供能比例为：碳水化合物 57.7%，脂肪 26.3%，蛋白质 16.0%。

该类型的膳食能量既能够满足人体需要，又不至于过剩；蛋白质、脂肪和碳水化合物的供能比例合理。来自于植物性食物的膳食纤维和来自于动物性食物的营养素（如铁、钙等）均比较充足，同时动物脂肪又不高，有利于避免营养缺乏病和营养过剩性疾病，促进健康。此类膳食结构已经成为世界各国调整膳食结构的参考。

2. 东方膳食模式——以植物性食物为主的膳食结构

大多数发展中国家，如印度、巴基斯坦、孟加拉国和非洲一些国家等属此模式。膳食构成以植物性食物为主，动物性食物为辅。其膳食特点是：谷物食品消费量大，年人均为 200kg；动物性食品消费量小，年人均仅 10～20kg；动物性蛋白质一般占蛋白质总量的 10%～20%，低者不足 10%；植物性食物提供的能量占总能量近 90%。该类型的膳食能量基本可满足人体需要，但蛋白质、脂肪摄入量均较低，来自于动物性食物的营养素（如铁、钙、维生素 A）摄入不足。营养缺乏病是这些国家人群的主要营养问题，人的体质较弱，健康状况不良，劳动生产率较低。但从另一方面看，以植物性食物为主的膳食结构膳食纤维充足,动物性脂肪较低,有利于冠心病和高脂血症的预防。

3. 经济发达国家膳食模式——以动物性食物为主的膳食结构

该模式是多数欧美发达国家如美国、西欧、北欧诸国的典型膳食结构。其膳食构成以动物性食物为主,属于营养过剩型的膳食。以提供高能量、高脂肪、高蛋白质、低纤维为主要特点,人均日摄入肉类300g,糖类甚至高达100g以上,脂肪130～150g,奶及奶制品300g,蛋类50g,能量高达3300～3500kcal(14700kJ)。食物摄入特点是:粮谷类食物消费量小,人均每年60～75kg;动物性食物及糖类的消费量大。与植物性为主的膳食结构相比,营养过剩是此类膳食结构国家人群所面临的主要健康问题。心脏病、脑血管病和恶性肿瘤已成为西方人的三大死亡原因,尤其是心脏病死亡率明显高于发展中国家。

4. 地中海膳食模式——理想的膳食结构

该膳食结构以地中海命名是因为该膳食结构的特点是居住在地中海地区的居民所特有的,意大利、希腊可作为该种膳食结构的代表。此类膳食结构的主要特点是:① 膳食富含植物性食物,包括水果、蔬菜、土豆、谷类、豆类、果仁等;② 食物的加工程度低、新鲜度较高,该地区居民以食用当季、当地产的食物为主;③ 橄榄油是主要食用油;④ 由脂肪所提供的能量占膳食总能量的比例为25%～35%,饱和脂肪所占比例较低,为7%～8%;⑤ 每天食用少量或适量奶酪和酸奶;⑥ 每周食用少量或适量鱼、禽,少量蛋;⑦ 以新鲜水果作为典型的每日餐后食品,甜食每周只食用几次;⑧ 每月食用几次红肉(猪、牛和羊肉及其产品);⑨ 大部分成年人有饮用葡萄酒的习惯。此类膳食结构的突出特点是饱和脂肪摄入量低,膳食中含大量复合碳水化合物,蔬菜、水果摄入量较高。地中海地区居民心脑血管疾病发生率很低,已经引起了西方国家的注意,并纷纷参照这种膳食结构模式来改进自己国家的膳食结构。

(二) 中国的膳食结构及存在的问题

中国居民的传统膳食以植物性食物为主,谷类、薯类和蔬菜的摄入量较高,肉类的摄入量比较低,奶类食物消费较少。此种膳食的特点为高碳水化合物、高膳食纤维、低动物脂肪,是一种东方膳食模式,容易出现营养不良,但有利于血脂异常和冠心病等慢性病的预防。但近20年来,随着经济的发展和居民生活水平的提高,我国的膳食结构正逐渐向西方化转变,城市和经济发达地区的膳食结构不尽合理。禽、畜、蛋等动物性食物及油脂消费过多,谷类食物消费偏低,特别是杂粮的消费量下降尤为明显。

2002 年,城市居民每人每日油脂消费量由 1992 年的 37g 增加到 44g,脂肪供能比达到 35%,超过世界卫生组织推荐的 30% 的上限。城市居民谷类食物供能比仅为 47%,明显低于 55%~66% 的合理范围。与 1992 年相比,城乡居民来源于谷类的蛋白质平均下降了 12%,来源于动物性食物和豆类的蛋白质上升了 11%,但城乡差距仍很明显。此外,奶类、豆类制品摄入量过低,钙低磷高,钙磷比例仍不合理。虽然膳食质量明显提高,但膳食高能量、高脂肪和体力活动减少造成超重、肥胖的发生率和糖尿病、血脂异常等慢性病的发病率快速上升。

二、中国居民膳食指南与膳食宝塔

我国很早就制定了指导国民平衡膳食、促进健康的膳食指南。2007 年受国家卫生部的委托,中国营养学会组织专家在 1997 年《中国居民膳食指南》的基础上,根据我国实际的食物摄入和健康状况修订了新一版的《中国居民膳食指南》,并由卫生部新闻办于 2008 年 1 月 15 日正式发布。

(一)中国居民膳食指南

第一条　食物多样,谷类为主,粗细搭配。

第二条　多吃蔬菜水果和薯类。

第三条　每天吃奶类、大豆或其制品。

第四条　常吃适量的鱼、禽、蛋和瘦肉。

第五条　减少烹调油用量,吃清淡少盐膳食。

第六条　食不过量,天天运动,保持健康体重。

第七条　三餐分配要合理,零食要适当。

第八条　每天足量饮水,合理选择饮料。

第九条　如饮酒,应限量。

第十条　吃新鲜、卫生的食物。

(二)中国居民平衡膳食宝塔

中国居民平衡膳食宝塔(以下简称膳食宝塔)(图 2-2)是根据《中国居民膳食指南》核心内容,结合中国居民膳食的实际状况,把平衡膳食的原则转化成各类食物的质量,以便于人们在日常生活中实行。

膳食宝塔提出了一个在营养上比较理想的膳食模式,同时注意了运动的重要性。它所建议的食物量,特别是奶类和豆类食物的量可能与大多数人当前的实际摄入量还有一定的距离,对某些贫困地区来讲可能距离还很远,但为了改善中国居民的膳食营养状况,应把它看作是一个奋斗目标,努力争取,逐步达到。

油25~30g
盐6g

奶类及奶制品300g
大豆及坚果30~50g

畜禽肉类50~75g
鱼虾类50~100g
蛋类25~30g

蔬菜类300~500g
水果类200~400g

谷类薯类及杂豆
250~400g

图2-2　中国居民平衡膳食宝塔

　　膳食宝塔共分五层,包含我们每天应当吃的各类主要食物。膳食宝塔各层位置和面积不同,这在一定程度上反映出各类食物在膳食中的地位和应占的比重。谷类食物在底层,每人每天应吃 250 ~ 400g;蔬菜和水果在第二层,每天应分别吃 300 ~ 500g 和 200 ~ 400g;鱼、禽、肉、蛋等动物性食物在第三层,每天应吃 125 ~ 225g(畜禽肉 50 ~ 75g,鱼虾类 50 ~ 100g,蛋类 25 ~ 50g);奶类和豆类食物在第四层,每天应吃相当于鲜奶 300g 的奶类及奶制品和相当于干豆 30 ~ 50g 的大豆类及坚果;第五层(塔顶)是烹调油和食盐,每天烹调油不超过 25g 或 30g,食盐不超过 6g。膳食宝塔没有建议食糖的摄入量,因为我国居民现在平均吃糖的量还不很多。但吃过多的糖和含糖高的食品和饮料有增加发生龋齿和肥胖的危险。

　　膳食宝塔图外侧为饮水和身体活动的形象,强调足量饮水和增加身体活动的重要性。水是膳食的重要组成部分,是一切生命的必需物质,其需要量主要受年龄、环境温度、身体活动等因素的影响。在温和气候条件下生活的轻体力活动的成年人,每日至少饮水 1200mL(约 6 杯)。在高温或强体力劳动的条件下,饮水量应适当增加。饮水不足或过多都会对人体健康带来危害。饮水应少量多次,要主动,不要感到口渴时再喝水。目前我国大多数成年人身体活动不足或缺乏体育锻炼,应改变久坐少动的不良生活方式,养成天天运动的习惯,坚持每天多做一些身体活动。建议成年人每天累计的身体活动量相当于步行 6000 步以上。如果身体条件允许,最好进行 30min 中等强度的活动。

　　(三)《中国居民平衡膳食宝塔》的应用

　　1. 确定适合自己的能量水平

　　膳食宝塔中建议的每人每日各类食物适宜摄入量范围适用于一般健康

成年人,在实际应用时要根据个人年龄、性别、身高、体重、劳动强度、季节等情况适当调整。年轻人、身体活动强度大的人需要的能量高,应适当多吃些主食;年老、活动少的人需要的能量少,可少吃些主食。能量是决定食物摄入量的首要因素。一般来说,人们的进食量可自动调节。当一个人的食欲得到满足时,对能量的需要就会得到满足。但由于人们膳食中脂肪摄入的增加和日常身体活动的减少,许多人目前的能量摄入量超过自身的实际需要。对于正常成年人,体重是判定能量平衡的最好指标,每个人应根据自身的体重及变化适当调整食物的摄入量,主要应调整含能量较多的食物的摄入量。

2. 根据自己的能量水平确定食物需要量

膳食宝塔中建议的每人每日各类食物适宜摄入量范围适用于一般健康成年人,按照7个能量水平分别建议了10类食物的摄入量,应用时要根据自身的能量需要进行选择。但无须每日都严格照着膳食宝塔中建议的各类食物的量来吃。

3. 食物同类互换,调配丰富多彩的膳食

人们吃多种多样的食物不仅仅是为了获得均衡的营养,也是为了使饮食更加丰富多彩,以满足人们的口味享受。假如人们每天都吃同样的50g肉、40g豆,难免久食生厌,那么合理的营养也就无从谈起了。膳食宝塔包含的每一类食物中都有许多品种,虽然每种食物都与另一种不完全相同,但同一类中各类食物所含营养成分往往大体上近似,在膳食中可以互相替换。

应用膳食宝塔可把营养与美味结合起来,按照同类互换、多种多样的原则调配一日三餐。同类互换就是以粮换粮、以豆换豆、以肉换肉。例如,大米可与面粉或杂粮互换,馒头可与相应量的面条、烙饼、面包等互换,大豆可与相应量的豆制品互换,瘦猪肉可与等量的鸡、鸭、牛、羊、兔肉互换,鱼可与虾、蟹等水产品互换,牛奶可与羊奶、酸奶、奶粉或奶酪等互换。

4. 要因地制宜,充分利用当地资源

我国幅员辽阔,各地的饮食习惯及物产不尽相同,只有因地制宜,充分利用当地资源,才能有效地应用膳食宝塔。例如,牧区奶类资源丰富,可适当提高奶类摄入量;渔区可适当提高鱼及其他水产品摄入量;农村山区则可利用山羊奶以及花生、瓜子、核桃、榛子等资源。在某些情况下,由于地域、经济或物产所限,无法采用同类互换时,也可以暂用豆类代替乳类、肉类,或用蛋类代替鱼、肉;不得已时,也可用花生、瓜子、榛子、核桃等坚果代替大豆或肉、鱼、奶等动物性食物。

5. 要养成习惯,长期坚持

膳食对健康的影响具有长期性。应用平衡膳食宝塔,需要自幼养成习惯,并坚持不懈,才能充分体现其对健康的重大促进作用。

(四)社区居民合理膳食指导

1. 工作背景

卫生部卫疾控发〔2010〕73 号文件《营养改善工作管理办法》要求各级疾控机构都应设立负责营养工作的科室,配置营养专业人员,开展营养改善的技术指导工作。卫生部颁布的《疾病预防控制机构工作职责》和卫生部疾控司颁布的《营养工作规范》中明确指出,为居民提供基本的、科学的膳食指导是各级疾病预防控制部门的职责之一。卫生部《疾病预防控制工作绩效考核操作手册》中要求各级疾控机构针对辖区内居民的营养状况开展合理膳食指导工作,要求合理膳食指导的覆盖率以县(区)为单位计达到100%,并将其列为对各级疾控机构的考核内容。

以往大量的研究已充分证明,不合理的膳食结构与肥胖、高血压、糖尿病等慢性病的发生发展有着密切的关系。城乡居民调查显示,居民普遍缺乏合理膳食的基本知识,对《中国居民膳食指南》的知晓率极低。

2. 工作目标

(1)合理膳食指导的覆盖率以县(区)为单位计达到100%,以乡(镇、街道)为单位计达到90%。

(2)完成本辖区内居民营养与健康状况调查,掌握该地区居民膳食的现状,建立并逐步完善居民营养与疾病数据库,为完善日后指导工作和制定、改进干预措施提供理论依据。

(3)建立以行政村或居委会为单位的合理膳食指导小组。对于特殊人群(老年人、孕妇、儿童和慢性非传染性疾病患者)有针对性地开展合理膳食指导工作。

(4)增强居民的健康意识和营养知识水平。与行动开展前相比,本社区的居民对合理膳食知识的知晓率、符合营养要求的健康生活方式行为形成率明显提高,预防和控制营养性疾病的发生,努力改善居民营养与健康状况。

3. 具体内容

(1)健全组织机构,加强人群合理膳食的指导。社区卫生服务中心、卫生服务站承担日常合理膳食的指导和宣传工作。

(2)开展技术培训。定期给社区医生进行培训,掌握相关营养学知识和合理膳食知识,明确其目的和意义,掌握策略、措施以及进行效果评估的方法,认真、扎实做好合理膳食指导的宣传推广工作。

(3)加强媒体宣传行动。充分利用媒体的宣传作用,采取多种形式,开展提倡不同人群合理膳食的传播活动。利用电视、广播、板报等传播手段开辟公益性合理膳食知识宣传栏目。根据不同人群特点,以喜闻乐见和易于接受的方式普及营养与健康知识。编印发放平衡膳食的宣传资料,强化人群合理膳食的健康意识,使健康生活方式行动家喻户晓,深入人心。

(4)与健康教育活动有机结合。首先,深入学校或居民家中进行基线调查,宣传合理膳食知识。其次,在人群聚集的地方通过宣讲营养知识、发放合理膳食知识的宣传单页、悬挂宣传条幅、刷涂宣传标语等形式进行人群合理膳食的知识宣传。再次,与妇幼保健所和养老所等机构合作,通过讲座、设立咨询点等形式对不同人群、不同个体提供有针对性的合理膳食指导。

(5)与慢性病防治工作相结合。与心脑血管病、糖尿病、高血压等慢性非传染性疾病的防治工作相结合,推广合理膳食知识。

(6)及时总结,广泛交流。及时总结有效开展合理膳食指导的形式和方法,通过研讨会、现场交流、设留言本等多种形式广泛交流,互相促进,共同推动合理膳食行动的深入开展。

人群营养

人群营养是指以特定的人群和社会区域范围内的各种或某种人群为对象,研究人体营养规律、营养与健康的关系以及营养改善措施,从宏观上研究其实施合理营养与膳食的理论、方法以及相关制约因素。

第一节　社区营养

一、概述

社区营养(community nutrition)又称公共营养,是指以特定社会区域范围内的各种或某种人群为对象,从宏观上研究其实施合理营养与膳食的理论、方法以及相关制约因素。所谓限定区域的人群,是指根据政治、经济、文化及膳食习俗等划分人群范围,如以同一个居民点、乡镇、县区、省市甚至国家划分社区人群。它所研究问题的着眼点,一是强调限定区域内各种人群的综合性和整体性,二是突出研究解决问题的宏观性、实践性和社会性。实施社区营养的目的在于运用一切有益的科学理论、技术和社会条件、因素和方法,使限定区域内各类人群营养合理化,提高其营养水平,改善其体力和智力素质。

社区营养的内容包括各种人群的营养素供给量,人群的营养状况评价,人群的食物结构、食物经济、饮食文化、营养教育,法制与行政干预,以及对居民营养有制约作用与自然科学相结合的社会条件、社会因素等。

我国社区营养讨论的重点是关于我国居民膳食营养素参考摄入量的制定与执行问题,关于评估我国居民营养状况及其动态变化的方案与方法问题,关于我国居民合理食物结构、膳食指导方针和食谱问题,关于我国食物资源和新食品开发利用问题,关于实施社区营养战略措施的社会宏观调控力量问题。

二、膳食营养素供给量

膳食营养素参考摄入量(dietary reference intakes,DRIs)包括平均需要量(EAR)、推荐摄入量(RNI)、适宜摄入量(AI)和可耐受最高摄入量(UL)。

（一）膳食结构的概念

膳食结构(dietary pattern)是指一定时期内特定人群膳食中动植物等食品的消费种类、数量及比例关系。它与国家的食物生产加工、人群经济收入、饮食习俗、身体素质等因素有关。膳食结构反映了人群营养水平,是衡量人群生活水平和经济发达程度的标志之一。

（二）膳食结构的类型

1. 植物性食品为主型

该型的热能基本上满足人体需要,但食物质量不高,蛋白质和脂肪较少,尤其是动物性食品提供的营养素不足。以印度、巴基斯坦、孟加拉国、印度尼西亚等一些发展中国家为代表,人均日热能为 2000 ~ 2400kcal（8400 ~ 10080kJ）,蛋白质50g左右,脂肪30 ~ 40g,而且绝大部分营养素来自植物性食品。

2. 动物性食品为主型

高热能、高脂肪、高蛋白质的膳食结构（"三高"膳食）以欧美国家为代表。其特点是谷物消费量少,动物性食品占很大比例,营养素过量。这种"三高"的膳食结构,虽具有质量好、营养丰富的优点,但也带来肥胖病、心血管病等不良后果。

3. 并重型

植物性和动物性食品消费量比较均衡,热能、蛋白质、脂肪摄入量基本上符合营养标准,膳食结构较为合理。该型以日本为代表,其特点是谷物消费有所下降,但仍保持较高数量,动物性食品的消费量增长较多,特别是鱼贝类食用量较大,而水产品蛋白质又占动物蛋白质的一半。热能、脂肪的供给水平低于欧美发达国家,每人日热能为2590kcal（10878kJ）,蛋白质82.8g,脂肪80.7g,热能、蛋白质摄入量长期保持稳定。热能构成中,碳水化合物占59.2%,脂肪占28%,蛋白质占12.8%,结构基本合理。这样既保留了东方人膳食的一些特点,同时又吸取了西方人膳食的一些长处。

（三）我国的膳食结构

我国人群的膳食结构正在得到改善。总体上为植物性食品为主型转向并重型,少数人群为偏动物性食品为主型。膳食仍以谷类为主,但来自谷类食物的能量下降,薯类也下降,来自动物性食物、纯热能食物及其他食物的能量比例明显上升。从蛋白质来源看,谷类和豆类蛋白质减少,动物性蛋白质增多。脂肪来源分布中,植物性脂肪所占比例上升。

（四）膳食指南

膳食指南是根据营养学原则,结合国情,教育居民平衡膳食,以达到合理营养、促进健康目的的指导性意见。1989 年 10 月,中国营养学会常务理事会通过的第一版《中国居民膳食指南》共有 8 条。1997 年 4 月,经中国营养学会常务理事会通过的第二版《中国居民膳食指南》也有 8 条。2007 年 9 月,经中国营养学会常务理事会通过的第三版《中国居民膳食指南》共有 10 条。

1. 食物多样、谷类为主、粗细搭配

增加"粗细搭配"是考虑到"膳食纤维的增加"（25g/d）。没有一种天然食物能满足人体所需的全部营养素,只有多种类食物适当调配,才能满足人体的需要,达到合理营养、促进健康的目的。谷类食物是我国传统膳食的主体、能量的主要来源,主要提供碳水化合物、蛋白质、膳食纤维及 B 族维生素等。提出"谷类为主"是为了保持我国膳食的良好传统,防止出现发达国家膳食的弊端。

2. "多吃蔬菜、水果和薯类"没变动

蔬菜、水果和薯类都含有较丰富的维生素、矿物质、膳食纤维和其他生物活性物质。红、黄、绿等深色蔬菜的维生素含量高于淡色蔬菜;水果中的糖、有机酸及果胶等比蔬菜多。含丰富蔬菜、水果和薯类的膳食对保护心血管健康、增强抗病能力、预防某些癌症等有重要作用。

3. 每天吃奶类、大豆或其制品

"常吃"改成了"每天吃","豆类"改成了"大豆"。奶类含丰富的优质蛋白质和维生素,也是良好的天然钙质来源。我国居民膳食中普遍缺钙,与膳食结构中奶及奶制品少有关。植物性和动物性食品消费量比较均衡,热能、蛋白质、脂肪摄入量基本上符合营养标准,膳食结构较为合理。

（五）世界卫生组织公布的十大垃圾食物

1. 油炸类食品

（1）油炸淀粉类食物是导致心血管疾病的元凶;（2）含致癌物质丙烯酰胺;（3）维生素被破坏,蛋白质发生了变性。

2. 腌制类食品

（1）可导致高血压,使肾脏负担过重;（2）导致鼻咽癌;（3）影响黏膜系统(对肠、胃有害);（4）易患溃疡和发炎。

3. 加工类肉食品(肉干、肉松、香肠等)

(1) 含三大致癌物质之一：亚硝酸盐(防腐和显色作用)；(2) 含大量防腐剂(加重肝脏负担)。

4. 饼干类食品(不包括低温烘烤和全麦饼干)

(1) 食用香精和色素过多(加重肝脏负担)；(2) 维生素被严重破坏；(3) 热量过多,营养成分低。

5. 汽水可乐类食品

(1) 含磷酸、碳酸,会带走体内大量的钙；(2) 含糖量过高,喝后有饱胀感,影响正餐。

6. 方便类食品(主要指方便面和膨化食品)

(1) 盐分含量过高,含防腐剂、香精(损害肝脏)；(2) 只有热量,没有营养。

7. 罐头类食品(包括鱼肉类和水果类)

(1) 维生素被破坏,蛋白质发生了变性；(2) 热量过多,营养成分低。

8. 话梅蜜饯类食品(果脯)

(1) 含三大致癌物之一：亚硝酸盐(防腐和显色作用)；(2) 盐分含量过高,含防腐剂、香精(损害肝脏)。

9. 冷冻甜品类食品(冰淇淋、冰棒和各种雪糕)

(1) 含奶油,极易引起肥胖；(2) 含糖量过高,影响正餐。

10. 烧烤类食品

(1) 含大量三四苯丙芘(三大致癌物质之首)；(2) 1 只烤鸡腿的毒性相当于60 支烟的毒性；(3) 蛋白质因炭化而变性(加重肾脏、肝脏负担)。

三、食谱

将每日各餐主副食的品种、数量、烹调方法、用餐时间编排出即为食谱。

(一) 食谱的编制原则

(1) 对象有针对性；(2) 满足每日膳食营养素及能量的供给量；(3) 各营养素之间比例适当；(4) 食物多样；(5) 安全无害；(6) 考虑其他因素,如饮食习惯、经济能力等；(7) 及时更换、调整食谱,通常每周编制一次食谱。

(二) 食谱编制方法(计算法)

(1) 确定能量摄入量。

(2) 根据膳食组成,计算蛋白质、脂肪和碳水化合物每日的摄入量。

(3) 大致选定一日食物的种类和数量。

(4) 三餐的能量及食物分配。

（5）对每日膳食食谱的营养评价。

（三）食谱举例

现列举 4 岁女童某一天的食谱如下：

早餐：花卷（面粉 50g，食用油 3g），牛奶（125g）。

上午点心：蛋糕（面粉 10g，鸡蛋 7g，猪油 3g）。

午餐：米饭（米 50g），肉末蒸蛋（瘦猪肉 25g，鸡蛋 40g），虾皮丸子白菜汤（虾皮 5g，瘦猪肉丸子 10g，大白菜 100g，鸡油 4g），柑橘（100g）。

下午点心：牛奶（125g），饼干（10g）。

晚餐：饺子（瘦猪肉 30g，韭菜 50g，鸡蛋 13g，面粉 75g，食用油 3g），苹果 100g。

上述食物总能量 5.9MJ，蛋白质 50g，脂肪 47g，碳水化合物 200g，蛋白质、脂肪、碳水化合物的能量比为 14%∶30%∶56%。

第二节 孕妇营养

一、孕期的生理特点

妊娠是指胚胎和胎儿在母体内生长发育的过程。它也是一个非常复杂但变化却极其协调的生理过程。在胎盘产生的激素的作用下，为适应胎儿的生长发育，母体各系统必须进行一系列的适应性生理变化。

（一）代谢改变

孕期合成代谢增加，基础代谢升高，对碳水化合物、脂肪和蛋白质的利用也有改变。由于消化液分泌减少，胃肠蠕动减慢，所以孕妇常出现胃肠胀气及便秘，孕早期常有恶心、呕吐，对某些营养素如钙、铁、$VitB_{12}$ 和叶酸的吸收能力增强。

（二）肾功能改变

肾脏负担加重。

（三）血容量及血流动力学变化

孕期血容量增加的幅度大于红细胞增加的幅度，使血液相对稀释，可出现生理性贫血。孕早期就有血清总蛋白的降低。孕期除血脂及维生素 E 以外，几乎血浆中所有营养素均降低。血浆营养素水平的降低可能与将营养素转运至胎儿有关，其中胎盘起着生化阀的作用。

（四）体重增加

健康妇女若不限制饮食，孕期一般增加体重 10～12.5kg。孕早期（第 1—

3 个月)增重较少,而孕中期(第 4—6 个月)和孕后期(第 7—9 个月)则每周稳定地增加 350 ~ 400g。

二、孕期的营养需要

孕母是胎儿唯一的营养来源。在怀孕期,均衡而多元化的饮食是非常重要的。刚开始怀孕时的一切都会对婴儿造成影响。优质饮食是很重要的,饮食中的营养会经胎盘进入胎儿体内。孕妇宜多吃蔬菜和新鲜的水果,少吃含糖分、盐分高和经过加工的食物。胎儿期生长发育的营养素全部由母体供给。

孕妇除了维持自身能量的需要外,还要负担胎儿的生长发育,以及胎盘和母体组织所需要的能量。此外,还需要储备一定的脂肪和蛋白质,以备日后之用。因此,孕妇的能量需要量应在极轻体力劳动者能量需要量(9200kJ)的基础上,增加 1250kJ。蛋白质是脑细胞的主要成分之一,是脑组织生长、发育、代谢的重要物质基础,因此,蛋白质是极其重要的。由于孕期的血脂比非孕期高,因此脂肪的摄入不宜太多。孕期膳食中很可能会缺乏钙、铁、锌、碘,孕妇要特别注意。与此同时,孕妇要特别注意维生素的摄入。

（一）热能

孕期的总热能需要量增加。额外能量需要量包括胎儿体内各区室中的蛋白质和脂肪等的能量需要量,加上母儿增加这些组织需要增加的能量消耗量。我国的 RNI 为在平衡膳食的基础上每天增加 0.84MJ。

（二）蛋白质

孕期对蛋白质的需要量增加,以满足母体、胎盘和胎儿生长的需要。推荐增加量在第一孕期为 5g/d,第二孕期为 15g/d,第三孕期为 20g/d。

（三）矿物质

孕期的生理变化与血浆容量和肾小球滤过率的增加,使得血浆中矿物质的含量随妊娠的进展逐步降低。孕期膳食中可能缺乏的矿物质主要是钙、铁、锌、碘。

1. 钙

妊娠期间钙的吸收率增加,以保证胎儿对钙的需求,而不需要动员母体的钙。钙的推荐量在第一孕期为 800mg/d,第二孕期为 1000mg/d,第三孕期为 1200mg/d。

2. 铁

铁的推荐量在第一孕期为 15mg/d,第二孕期为 25mg/d,第三孕期为 35mg/d。

3. 锌

锌的推荐量在第一孕期为 11.5mg/d,第二和第三孕期为 16.5mg/d。

4. 碘

孕妇碘缺乏可致胎儿甲状腺功能低下,从而引起以严重智力发育迟缓和生长发育迟缓为主要表现的呆小症。整个孕期碘的推荐量为 $200\mu g/d$。

(四) 维生素

许多维生素在孕妇血液中的浓度是降低的,这与孕期的正常生理调整有关,并不一定明显地反映需要量增加。孕期特别需考虑的维生素为维生素 A、D 及 B 族维生素。

1. 维生素 A

摄入足够的维生素 A 可维持母体健康及胎儿的正常生长,并可在肝脏中有一定量的贮存。RNI:在第一孕期为 $800\mu gRE/d$,第二和第三孕期为 $900\mu gRE/d$。

2. 维生素 D

孕期缺乏维生素 D 会影响胎儿的骨骼发育,也会导致新生儿的低钙血症、手足搐搦、婴儿牙釉质发育不良及母亲骨质软化症。RNI:在第一孕期为 $5\mu g/d$,第二和第三孕期为 $10\mu g/d$。

3. 维生素 B_1

由于维生素 B_1 参与体内碳水化合物代谢,且不能在体内长期贮存,因此足够的摄入量十分重要。整个孕期 RNI 为 $1.5mg/d$。

4. 维生素 B_2

整个孕期 RNI 为 $1.7mg/d$。

5. 烟酸

整个孕期 RNI 为 $15mg/d$。

6. 维生素 B_6

维生素 B_6 对核酸代谢及蛋白质合成有重要作用。整个孕期 RNI 为 $1.9mg/d$。

7. 叶酸

为满足快速生长胎儿的 DNA 合成,以及胎盘、母体组织和红细胞增加等所需的叶酸,孕妇对叶酸的需要量大大增加。孕早期叶酸缺乏已被证实是导致胎儿神经管畸形的主要原因。孕期叶酸缺乏可引起胎盘早剥或新生儿低出生体重。整个孕期其 RNI 为 $600\mu g/d$。

8. 维生素 B_{12}

当维生素 B_{12} 缺乏时,同型半胱氨酸转变成蛋氨酸受阻而在血液中蓄积,形成同型半胱氨酸血症,还可致四氢叶酸形成障碍而诱发巨幼红细胞贫血,同时可引起神经损害。其 AI 为 $2.6\mu g/d$。

9. 维生素 C

胎儿的生长发育会消耗母体的维生素 C 量,因此孕妇血中维生素 C 含量可下降约 50%。其 RNI 在第一孕期为 100mg/d,第二和第三孕期为 130mg/d。

三、孕期营养不良对胎儿的影响

(1)新生儿低出生体重,即出生体重小于 2500g。

(2)早产儿及小于胎龄儿。早产儿及小于胎龄儿分别指妊娠期小于 37 周的新生儿和胎儿大小小于妊娠月份,即新生儿出生体重低于平均体重 2 个标准差者。

(3)围产期新生儿死亡率增高。

(4)脑发育受损。胎儿脑细胞数的快速增殖期是从孕 30 周至出生后 1 年,随后脑细胞数量不再增加而体积增大、重量增加,直至 2 岁左右。因此,妊娠期间的营养状况,特别是孕后期母亲蛋白质的摄入量是否充足,关系到胎儿脑细胞的增殖数量和大脑发育,并影响到以后的智力发育。

(5)先天性畸形。

第三节 乳母营养

哺乳期妇女(乳母)一方面要逐步补偿妊娠、分娩时所消耗的营养储备,促进各器官、系统功能的恢复;另一方面还要分泌乳汁、哺育婴儿。如果摄入营养不当,将影响母体健康、乳汁分泌量和乳汁质量,从而影响婴儿的生长发育。因此,哺乳期妇女应根据授乳期的生理特点及乳汁分泌的需要,合理安排膳食,保证合理而充足的营养供给。

由于哺乳期妇女对各种营养素的需要量都增加,所以膳食结构中要选用营养价值较高的食物进行合理搭配,除增加一般食物量以外,要特别注意增加瘦肉、果仁、豆类、豆制品、乳、蛋、水产品等。在蔬菜、水果中要多吃胡萝卜、苦瓜、橘子、橙子等。哺乳期妇女要在营养医师的指导下,根据个体的身高、体重、乳汁分泌情况、活动情况等确定营养摄入量,并按规定食谱内容及每餐量和餐次进餐。

一、泌乳生理

泌乳量少是母亲营养不良的一个指征。正常情况下,产后 3 个月每日泌乳量为 750 ~ 850mL。营养较差的乳母产后 6 个月每日泌乳量为 500 ~ 700mL,后 6 个月每日为 400 ~ 600mL。通常根据婴儿体重的增长率作为奶量是否足够的较好指标。

二、乳母的营养需要

（一）热能
乳母的热能需要量增加,每天需在平衡膳食的基础上增加 2090kJ。
（二）蛋白质
为保证母体的需要及乳汁中蛋白质的含量,每日需额外增加蛋白质 20g。
（三）脂肪
脂肪占总热能的 20%～30%,不额外增加。
（四）钙
人乳中钙含量稳定,一般为 34mg/100mL。膳食摄入钙不足不会影响乳汁的分泌量及乳汁中的钙含量,但可消耗母体的钙贮存,母体骨骼中的钙将被动用。其 AI 为 1200mg/d。
（五）铁
铁不能通过乳腺输送到乳汁,人乳中铁含量极少。其 AI 为 25mg/d。
（六）维生素
1. 脂溶性维生素
维生素 A 和维生素 D 的需要量增加。维生素 A 的 RNI 为 1200μgRE/d,维生素 D 的 RNI 为 10μg/d。
2. 水溶性维生素
维生素 C、硫胺素、叶酸的需要量明显增加,其 RNI 分别为 130mg/d、1.8mg/d 和 500μg/d。

第四节 婴儿营养

从出生到 12 个月为婴儿阶段。婴儿时期生长发育最迅速,如体重在 4 月龄时为出生时的 2 倍,1 周岁时体重达出生体重的 3 倍,身长则增加了 50%。不仅是身高、体重的增加,组织的组成也发生了巨大变化,如体组织的氮、脂肪含量增加,水含量降低。此种高速的生长发育使婴儿需要的营养素比成年人高,但其消化吸收能力、肾脏排泄功能等尚未发育成熟。因而婴儿时期若喂养不当,极易造成营养不良,影响健康和生长。婴儿时期基础代谢所需要的热能较高,占总热能需要量的 50%～60%。这与婴儿相对体表面积较大、热量丢失较多有关。

一、婴儿的生长发育特点

婴儿期是人类生长发育的第一高峰期,12月龄时婴儿体重将增加至出生时的3倍,身长增加至出生时的1.5倍。婴儿期的前6个月,脑细胞数目持续增加,至6月龄时脑重增加至出生时的2倍(600~700g),后6个月脑部发育以细胞体积增大及树突增多和延长为主,神经髓鞘形成并进一步发育。至1岁时,脑重达900~1000g,接近成人脑重的2/3。婴儿消化器官幼稚,功能亦不完善,不恰当的喂养方法易导致功能紊乱和营养不良。

二、母乳喂养

对人类而言,母乳是世界上唯一的营养最全面的食物,是婴儿的最佳食物。

(一)母乳喂养的优点

1. 母乳中营养素齐全,能满足婴儿生长发育的需要

充足的母乳喂养所提供的热能及各种营养素的种类、数量、比例优于任何代乳品,并能满足4—6月龄以内婴儿生长发育的需要。母乳中的营养素与婴儿消化功能相适应,亦不增加婴儿肾脏负担,是婴儿的最佳食物。

(1)含优质蛋白质。虽母乳中的蛋白质总量低于牛乳,但其中的白蛋白比例高,酪蛋白比例低,在胃内形成较稀软之凝乳,易于消化吸收。另外,母乳中含有较多的牛磺酸,利于婴儿生长发育。

(2)含丰富的必需脂肪酸。母乳中所含脂肪高于牛乳,且含有脂酶,因而易于被婴儿消化吸收。母乳含有大量的亚油酸(LA)及α-亚麻酸(ALA),可防止婴儿湿疹的发生。母乳中还含有花生四烯酸(AA)和二十二碳六烯酸(DHA,俗称脑黄金),可满足婴儿脑部及视网膜发育的需要。

(3)含丰富的乳糖。乳糖有利于益生菌的生长,从而有利于婴儿肠道的健康。

(4)无机盐。母乳中钙含量低于牛乳,但利于婴儿吸收并能满足其需要。母乳及牛乳的铁含量均较低,但母乳中铁可有75%的吸收率。母乳中的钠、钾、磷、氯含量均低于牛乳,但均能满足婴儿的需要。

(5)维生素。乳母膳食营养充足时,婴儿前6个月内所需的维生素如硫胺素、核黄素等基本上可从母乳中得到满足。Vit D在母乳中含量较少,但若能经常晒太阳,亦很少发生佝偻病。每100mL母乳中含Vit C 4mg,可满足婴儿的需要;而牛乳中的Vit C通常会因加热而被破坏。

2. 母乳中丰富的免疫物质可增加母乳喂养儿的抗感染能力

（1）母乳尤其是初乳中含多种免疫物质，其中特异性免疫物质包括细胞与抗体。

（2）母乳中的非特异性免疫物质包括吞噬细胞、乳铁蛋白、溶菌酶、乳过氧化氢酶、补体因子 C_3 及双歧杆菌因子等。

3. 哺乳行为可增进母子间情感的交流，促进婴儿智力发育

哺乳是一个有益于母子双方身心健康的活动。哺乳有利于婴儿智力及正常情感的发育和形成，同时有利于母亲子宫的收缩和恢复。

（二）有关母乳喂养的几个具体问题

（1）早期开奶。

（2）按需哺乳。

（3）断奶过渡期营养及断奶后食物的添加。

三、婴儿配方奶粉

（一）婴儿配方奶粉的基本要求

婴儿配方奶粉依据母乳的营养素含量及其组成模式进行调整生产。

（1）增加脱盐乳清粉。

（2）添加与母乳同型的活性顺式亚油酸，增加适量 α-亚麻酸。

（3）α-乳糖与 β-乳糖按 4∶6 的比例添加。

（4）脱去牛奶中部分 Ca、P、Na 盐。

（5）强化 Vit D、Vit A 及适量其他维生素。

（6）强化牛磺酸、肉碱、核酸。

（7）对牛乳过敏的婴儿，可用大豆蛋白作为蛋白质来源。

（二）婴儿配方奶的使用

1. 混合喂养

对母乳不足者可作为部分替代物，每日喂 1~2 次，最好在每次哺乳后加喂一定量。6 月龄前可选用蛋白质含量为 12%~18% 的配方奶粉，6 月龄后可选用蛋白质含量大于 18% 的配方奶粉。

2. 人工喂养

对不能用母乳喂养者，可完全用配方奶粉替代。6 月龄前选用蛋白质含量为 12%~18% 的配方奶粉，6 月龄后选用蛋白质含量大于 18% 的配方奶粉。

第五节　幼儿营养

幼儿期指的是1—3岁。体重的变化:1—2岁年增加2.5~3kg,2—3岁年增加1.5~2.0kg。身长的变化:1—2岁年增加10cm,2—3岁年增加5cm。头围、胸围、上臂围的变化:1岁时头围和胸围基本相等。脑和神经系统的发育:2岁时脑重900~1000g,为成人的75%,细胞体积增大,幼儿的神经髓鞘形成不全,因而对外界刺激的反应慢且易泛化。幼儿处于生长发育的旺盛时期,需要正氮平衡,以保证正常的生长发育。婴幼儿年龄愈小,生长愈快,对蛋白质的需要量愈多,单位体重需要的热能也比成人高。碳水化合物是促进婴幼儿生长发育所必需的营养素。脂溶性维生素A、D、E摄入后均排出慢,要注意体内蓄积中毒问题。水溶性维生素在体内只有少量贮存,短期摄入不足即可出现缺乏症。

一、幼儿期生长发育与营养需要

幼儿期生长旺盛,体重每年增加约2kg,身长第二年增加11~13cm,第三年增加8~9cm。蛋白质需要量为40g/d,能量需要量为5.02~5.43MJ/d,对矿物质和维生素的需要量高于成人,且易患营养素缺乏症。

二、幼儿膳食

幼儿膳食是从婴儿期以乳类为主,过渡到以奶、蛋、鱼、禽、肉及蔬菜、水果为辅的混合膳食,最后为以谷类为主的平衡膳食。其烹调方法应与成人有别,与幼儿的消化、代谢能力相适应,故幼儿膳食以软饭、碎食为主。根据营养需要,膳食中需要增加富含钙、铁的食物及增加维生素A、D、C等的摄入,必要时补充强化铁食物、水果汁、鱼肝油及维生素片。2岁以后,如身体健康且能获得包括蔬菜、水果在内的较好膳食,则不需额外补充维生素。膳食安排可采取三餐两点制。

三、幼儿常见营养缺乏病

(1)食物过敏。牛奶、鸡蛋、虾、苹果、桃、花粉、蜂蜜等食物易引起皮疹、腹痛、腹泻、哮喘。

(2)缺铁性贫血。患病率男童为42%,女童为44.8%。

(3)锌缺乏。锌缺乏的主要原因是摄入减少(长期精粮、素食)、肠吸收障碍(慢性腹泻、肠吸收不良综合征)、需要量增加(生长发育迅速)、丢失过多

（多汗、创伤、烧伤）。可通过多吃含锌丰富的食物（如肉、蛋、牡蛎、豆类等）进行辅助治疗。

（4）维生素 A、维生素 D 缺乏。

第六节　学龄前儿童营养

学龄前期为 3—6 岁。与婴幼儿期相比，此期儿童生长发育速度减慢，脑及神经系统发育逐渐成熟，但与成人相比，仍然处于迅速生长发育之中，加上活泼、好动，因此需要更多的营养。学龄前期儿童具有好奇、注意力分散、喜欢模仿等特点，因此此阶段具有很好的可塑性，也是培养良好生活习惯和道德品质的关键时期。同时，影响此期儿童营养的因素很多，如挑食、贪玩、不吃正餐而乱吃零食、咀嚼不充分、食欲不振、喜欢饮料而不喜欢食物等。因此，供给学龄前儿童生长发育所需的足够营养，帮助其建立良好的饮食习惯，将为其一生建立健康膳食模式奠定坚实的基础。

一、学龄前儿童的生理及营养特点

（1）身高、体重稳步增长，神经细胞分化已基本完成，但脑细胞体积的增大及神经纤维的髓鞘化仍继续进行，因此应提供足够的能量和营养素供给。

（2）咀嚼及消化能力有限，因此应注意烹调方法。

（3）尚未养成良好的饮食习惯和卫生习惯，因此应注意营养教育。

（4）该期容易发生的主要营养问题是缺铁性贫血、维生素 A 缺乏、锌缺乏。农村地区儿童还易出现蛋白质、能量摄入不足。

二、学龄前儿童膳食

注意平衡膳食。每日 200～300mL 牛奶，一个鸡蛋，100g 无骨鱼或禽、肉及适量豆制品，150g 蔬菜和适量水果，谷类主食 150～200g。每周进食一次猪肝或猪血，每周进食一次富含碘、锌的海产品，农村地区可每日供给大豆 25～50g，膳食可采取三餐两点制。要培养良好的饮食习惯与卫生习惯。

三、营养需求

（一）产能营养素

为维持生命、促进生长发育以及进行活动，学龄前儿童必须每天从食物中获取能量，以满足机体的需要。由于学龄前儿童基础代谢率高，生长发育迅速，活动量比较大，因此所需消耗的热能比较多。

（二）蛋白质

学龄前儿童每日膳食中蛋白质的推荐摄入量平均为50g。如果每日摄入的总蛋白质量达到蛋白质推荐摄入量标准，而且其中一半来源于动物性蛋白质和豆类蛋白质，则能较好地满足学龄前儿童机体的蛋白质营养需求。

（三）脂类

学龄前儿童每日膳食中脂肪摄入量应占总热量的30%～35%，这样不仅可提供机体所需的必需脂肪酸，而且有利于脂溶性维生素的吸收。学龄前儿童如果摄入过量的脂肪，会增加脂肪储存，引起肥胖。

（四）碳水化合物

学龄前儿童每日膳食中碳水化合物摄入量应占总热能的50%～60%。碳水化合物中的膳食纤维可促进肠蠕动，防止发生便秘。但是蔗糖等纯糖摄取后可被迅速吸收，易于以脂肪的形式储存，引起肥胖、龋齿和行为问题。因此，学龄前儿童不宜过多摄入糖，一般以每日10g为限。

（五）无机盐

人体组织中的各种无机盐在人体的新陈代谢过程中，每日都有一定的量随各种途径排出体外，因此必须通过膳食来补充。

1. 钙

钙是人体含量最多的元素之一，其中99%集中于骨骼和牙齿中。儿童正处于生长发育阶段，骨骼的生长最为迅速，在这一过程中需要大量的钙质。如果膳食中缺钙，儿童就会出现骨骼钙化不全的症状，如鸡胸、O型腿、X型腿等。学龄前儿童每日钙的适宜摄入量为800mg。

2. 铁

铁供给不足可引起缺铁性贫血，并损害神经、消化和免疫等系统的功能，影响儿童的智力发育。学龄前儿童每日铁的适宜摄入量为12mg。

3. 碘

学龄前儿童每日碘的推荐摄入量为9μg。

第七节　学龄儿童与青少年营养

女童从10岁开始，身高、体重增长速度加快，高峰在12—14岁，以后逐渐变缓。男童从11岁开始至15岁体格生长速度增快，14岁时为最高峰。一般以12—18岁为青春发育期，18—25岁为青年期。人体总体重的大约50%和身高的15%是在青春期获得的。青少年在生理上、心理上的变化都很大，各器官发育成熟，思维能力极为活跃，是人一生中长身高、长知识的关键时期，营养的供给必须根据儿童及青少年的生理特点给予保证,使其在德、智、体各方面都健康成长。

一、学龄儿童的营养与膳食

目前,我国学龄儿童(小学生)的热能摄入量已基本达到标准,但蛋白质热比仅达到12%,生长期儿童蛋白质热比应为12%~14%,这说明我国小学生蛋白质摄入仍处于低水平,而且动物性蛋白和豆类蛋白也仅占蛋白质摄入量的22%左右。钙的摄入量还低于供给标准;维生素A和胡萝卜的摄入量未达到供给标准,核黄素普遍不足。有的地方贫血患病率高达50%。近年来,由于城乡居民生活水平提高,家长大量选择精制食品及甜食给孩子吃,导致营养摄入不平衡。

由于学龄儿童活泼好动,大脑活动量激增,应保证热能供给充足。不少学龄儿童晨起时胃口欠佳,加之早餐食物品种单调,致使其早餐的质和量都不合乎要求。通常,早餐供给热量应占全天热量的25%左右,除面包、馒头等以淀粉为主的食品外,还应配有牛奶、蛋类或一定量的豆制品等。一些城镇小学在推行上午10点增加一次课间餐,这对儿童健康起了一定的积极作用。但目前课间餐多以甜食为主,营养素不平衡,应当改进。

在热能供给充足的前提下,要注意蛋白质的供给,增加优质蛋白质所占的比例,使每餐除粮谷类食品外,应有一定量的动物性食品和豆类食品,新鲜的蔬菜、水果,按照供给量标准注意提供富含钙、铁、锌,及富含维生素A、B_1、B_2、C等的食物。在考试期间,由于高级神经系统的活动紧张,更应注意学龄儿童的膳食营养质量。

(一)学龄儿童的营养问题

其营养问题与学龄前儿童相似,但特别应注意学生的早餐营养问题。

(二)学龄儿童的膳食

安排好一日三餐,早餐和中餐的营养素供给应占全天的30%与40%。每日供给300mL牛奶,1~2只鸡蛋,及鱼、禽、肉等100~150g,谷类和豆类300~500g。注意加强饮食习惯的培养,少吃零食,饮用清淡饮料,控制食糖的摄入量。

二、青少年的营养与膳食

中学生正处在生长发育速度最快的高峰期。我国近年中学生膳食调查结果显示,中学生的热能供给量能满足需要,但膳食中谷类的热量达到75%,动物性食品的热量仅为9%,豆类的热量只占2.2%。动物性食品摄入偏低,致使钙、铁、维生素 A、维生素 B_2 等营养素低于供给标准,蛋白质摄入处于低限。目前,学生身高、体重虽有所改进,但胸围增加不够,体型向瘦高发展,并非健壮型等。

处于青春发育期的青少年的营养供给一定要充分。若营养不良,青春发育期可推迟 2 年。但如果儿童期原有营养不良,青春发育期开始就得到充足的合理膳食,可在青春期改善营养状况,赶上正常发育的青年。青少年的热能需要量相对高于成人。蛋白质热比最好达到 13%~15%。有人试验发现,男孩在热能充足、蛋白质热比占 15% 时可满足氮平衡。由于体重、身高增长加速,钙、铁等的供给应充足,锌、碘、维生素等均应满足组织生长所需。一日主要食品应包括谷类 400~600g,瘦肉类 100g,鸡蛋 1~2 只,大豆制品适量,蔬菜 500~700g,烹调油 30~50g。通常,男生的活动量大,各种营养素的供给均大于女生。考试期间的营养供给更应充足。

青少年期包括青春发育期和少年期,相当于初中和高中学龄期。

（一）性格及性的发育特点

此期儿童体格发育速度加快,尤其是青春期,身高、体重的突发性增长是其主要特征。青春发育期被称为生长发育的第二高峰期。此期生殖系统开始发育,第二性征逐渐明显。充足的营养是生长发育、强健体魄、获得知识的物质基础。如果发生营养不良,可推迟青春期 1~2 年。

（二）营养需要

1. 能量

能量需要与生长速度成正比。推荐的能量供给为:男生 10.04~13MJ/d,女生 9.2~10.04MJ/d。

2. 蛋白质

此期一般增重 30kg,16% 为蛋白质。蛋白质供能应占总热能的 13%~15%,每天 75~85g。

3. 矿物质及维生素

为满足生长发育的需要,钙的 AI 为 100mg/d,铁的 AI 为 20mg/d（男）和 25mg/d（女）,锌的 RNI 为 19mg/d（男）和 15.5mg/d（女）。

（三）食物选择及膳食

（1）谷类是青少年膳食中的主食,每天 400~500g。

（2）保证足量的动物性食物及豆类食物的供给,鱼、禽、肉、蛋每日供给量为 200~250g,奶类 300mL/d。

（3）保证蔬菜和水果的供给,每天的蔬菜供给量为 500g,其中绿叶蔬菜不低于 300g。

（4）注意平衡膳食。

第八节 老年人营养

如何加强老年保健、延缓衰老进程、防治各种老年常见病,已成为当前生物医学研究领域的重大研究课题之一。老年人营养是其中极为重要的一个环节。合理的营养有助于延缓衰老、预防疾病,而营养不良或营养过剩、紊乱则有可能加速衰老和疾病发生的进程。老年人的生理特点是代谢机能降低,因而消化系统功能减退,体内水分及骨矿物质减少,心脏、脑、肝、肾功能降低。因此,充足的营养供给是老年人健康的物质基础,而膳食所提供的营养成分是维持人体生命活动和健康的重要条件。

合理的营养能促进老年人机体的正常生理活动,改善机体的健康状况,增强机体的抗病能力,提高免疫力。合理营养膳食可使老年人精力充沛,对抗老防衰、防止老年性疾病、延年益寿等具有极其重要的作用。随着年龄的增长,人体各个器官的生理功能都会不同程度地减退,尤其是消化和代谢功能,直接影响人体的营养状况,如牙齿脱落、消化液分泌减少、胃肠道蠕动缓慢,使机体对营养成分的吸收率和利用率下降。故老年人必须从膳食中获得足够的各种营养素,尤其是微量营养素。老年人因为胃肠道功能减退,所以应该选择易消化的食物,以利于吸收和利用。但食物不宜过精,应强调粗细搭配。一方面,主食中应有粗粮、细粮搭配,粗粮如燕麦、玉米所含膳食纤维较大米、小麦为多;另一方面,食物加工不宜过精,谷类加工过精会使大量膳食纤维丢失,并使谷粒胚乳中所含的维生素和矿物质丢失。膳食纤维能增加肠蠕动,起到预防老年性便秘的作用。膳食纤维还能改善肠道菌群,使食物容易被消化、吸收。近年的研究还表明,膳食纤维尤其是可溶性纤维对血糖、血脂代谢都起着改善作用,这些功能对老年人特别有益。随着年龄的增长,非传染性慢性病如心脑血管疾病、糖尿病、癌症等的发病率明显增加,膳食纤维还有利于预防发生这些疾病。胚乳中含有的维生素 E 是抗氧化维生素,在人体抗氧化功能中起着重要的作用。老年人抗氧化能力下降,使非传染性慢性病的发生危险增加,故从膳食中摄入足够量的抗氧化营养素十分必要。另外,某些微量元素(如锌、铬)对维持正常糖代谢有重要作用。老年人的基础代谢水平下降,从老年前期开始就容易发生超重或肥胖。肥胖将会增加非传染性慢性病的发生危险,故老年人要积极参加适宜的体力活动或运动,如走路、打太极拳等,以改善其各种生理功能。但因老年人的血管弹性减低,血流阻力增加,心脑血管功能减退,故活动不宜过量,否则超过心脑血管的承受能力,反而使功能受损,增加该类疾病的发生危险。因此,老年人应特别重视合理调整进食量和体力活动的平衡关系,把体重控制在适宜范围内。

一、老年人的生理代谢特点

(1) 代谢功能降低。

(2) 体成分改变,主要表现为细胞量下降、体水分减少、骨组织矿物质减少。

(3) 器官功能改变,主要表现为消化系统消化液、消化酶及胃酸分泌量减少,心脏功能降低及脑功能、肾功能、肝代谢能力均随年龄的增高而有不同程度的下降。

二、膳食营养因素与衰老

有关衰老的研究学说有多种,其中的自由基学说较受重视。该学说认为:人体组织的氧化反应可产生自由基;自由基不稳定,可与体内生物大分子作用,生成过氧化物,从而对细胞膜产生损害,进而影响细胞的功能。

自由基损害主要表现为脂质过氧化。人体内正常情况下存在着两种抗氧化系统,即非酶防御系统(如 Vit C、Vit E 等抗氧化营养剂)和酶防御系统(如超氧化物歧化酶、谷胱甘肽过氧化物酶等)。

三、老年期的营养需要

老年人的营养需求是随年龄的增加而递减的,优质蛋白质的需要量增加,脂肪摄入不宜过多,应以多不饱和脂肪酸为主,减少蔗糖的摄入,增加膳食纤维、钙和维生素 D 摄入量,维持铁、硒摄入水平,其他维生素维持在成人摄入水平。老年人对食物蛋白质的利用率下降,所以对蛋白质的需要量应比正常成人略高,特别应保证生理价值高的优质蛋白质,注意食用易于消化的蛋白质食品。

(一) 热能

由于基础代谢水平下降、体力活动减少和体内脂肪组织比例增加,老年人的热能需要量相对减少,60 岁以后较青年时期减少 20%,70 岁以后减少30%。60 岁以上轻体力劳动者的 RNI 为 7.94MJ/d(男)和 7.53MJ/d(女)。

(二) 蛋白质

老年人由于蛋白质的分解代谢大于合成代谢,故易出现负氮平衡。因此,蛋白质的摄入应量足质优。蛋白质供热占总热能的 12% ~ 14% 为宜,70岁以上者的 RNI 为 75g/d(男)和 65g/d(女)。

（三）脂肪

老年人对脂肪的消化能力差,故脂肪的摄入不宜过多。一般脂肪供热占总热能的 20% 为宜,以富含多不饱和脂肪酸的植物油为主。

（四）碳水化合物

老年人的糖耐量低,胰岛素分泌量减少,且对血糖的调节能力低,因而易发生血糖水平升高。因此,老年人不宜食用含蔗糖高的食品,以防止血糖升高进而血脂升高;也不宜多食用水果、蜂蜜等含果糖高的食品;应多吃蔬菜,增加膳食纤维的摄入,以利于肠蠕动,防止便秘。

（五）矿物质

1. 钙

钙的充足对老年人十分重要。因为老年人对钙的吸收能力下降,体力活动减少又降低了骨骼钙的沉积,故老年人易发生钙的负平衡,骨质疏松较多见。50 岁以上者钙的 AI 为 1000mg/d。

2. 铁

老年人对铁的吸收利用能力下降,造血功能减退,血红蛋白含量减低,因此易发生缺铁性贫血。我国 50 岁以上人群 AI 为 15mg/d。应注意选择多食含血红素铁高的食物。

3. 硒

硒为抗氧化剂,老年人应注意膳食补充。

此外,微量元素锌、铜、铬也同样重要。

（六）维生素

为调节体内代谢和增强抗病能力,各种维生素的摄入量都应达到推荐摄入量。

Vit E 为抗氧化的重要维生素。当缺乏 Vit E 时,体内细胞可出现一种棕色的色素颗粒,成为褐色素,是细胞某些成分被氧化分解后的沉积物。随着衰老褐色素在体内的堆积,成为老年斑。补充 Vit E 可减少细胞内脂褐素的形成。老年人的维生素 E AI 为 14mg/d。

充足的 Vit C 可防止血管硬化,使胆固醇代谢易于排出体外,增强抵抗力,因此应充分保证供应。老年人 Vit C RNI 为 100mg/d。

此外,Vit A、Vit B_1、Vit B_2 等也同样重要。

综上所述,对于老年人的膳食营养,我们做出如下建议:

（1）老年人对葡萄糖的耐受性差,糖类过多易发生糖尿病及诱发糖源性高脂血症,因此老年人的糖类供给要适宜,以占总热能的 60% ~ 65% 为宜。果糖对老年人最为适宜。所以,老年人膳食中碳水化合物应包括较多的果糖,同时应有适量的粗粮、水果和蔬菜,以提供膳食纤维。

(2)老年人血清中总脂肪、甘油三酯及胆固醇均较青壮年为高,高胆固醇血症和高甘油三酯血症是引起动脉粥样硬化的因素。老年人不宜过多进食脂肪,尤其是动物性脂肪。

(3)老年人体内脏器功能衰退,钙的吸收、利用和储存能力降低。

(4)老年人的造血功能下降,血中血红蛋白含量也下降,老年性贫血较为常见,且老年人对铁的吸收率也比一般成人差,所以老年人应吃富含铁(要求易被吸收)的食物。

(5)因机体老化的一些表现与某些维生素缺乏症近似,如上皮组织干燥、增生、过度角化、机体代谢及氧化过程减弱等。而老年人由于牙齿脱落,咀嚼不充分,胃肠道消化功能减退等,其蔬果食用量受限,或食物烹调过烂使维生素被破坏。所以,老年人膳食中应多含新鲜有色的叶菜或各种水果,食用一些粗粮、鱼、豆和瘦肉。

(6)老年人结肠、直肠的肌肉易于萎缩,排便能力较差,应避免暴饮暴食。烹调方面,食物应切碎煮烂或选较柔软的食物,少吃油炸或过于油腻的食品。在膳食安排上应少吃多餐或在主餐之间加一次点心或睡前、起床后加一些易消化的食物。

第四章

人体营养状况测定和评价

第一节 人体营养状况测定

一、常用体格测量指标

（一）身高

身高是指直立时从足底到颅顶的垂直高度。影响身高的因素很多,但总体受遗传因素的影响较大。

（二）体重

体重是指人体各部分的质量之和。与体重相关的计算法常用的有成人体质指数(BMI)、少年儿童标准体重计算法等。

（三）坐高

坐高是指头顶到坐骨结节的长度,或头顶点至椅面的垂直距离。坐高是反映人体形态结构与发育水平的指标之一。

（四）皮褶厚度

皮褶厚度是指人体表皮和皮下脂肪的总厚度。常用的测量部位有上臂肱三头肌部(代表四肢)和肩胛下角部和腹部(代表躯体)。皮褶厚度是推断全身脂肪含量、判断皮下脂肪发育情况的一项重要指标。

（五）头围

头围是指经眉弓上方突出部,绕经枕后结节一周的长度。头围主要反映颅脑的发育情况。

（六）胸围

胸围是指从两乳头连线到后面两肩胛骨下角下缘绕胸一周的长度。胸围是表示胸腔容积、胸肌、背肌的发育和皮肤蓄积状况的重要指标之一。

（七）腰围

腰围是指经脐点的腰部水平围长。腰围测量对于成人超重和肥胖的判断尤为重要，特别是腹型肥胖。

（八）臀围

臀围是指臀部向后最突出部位的水平围长。臀围可反映髋部骨骼和肌肉的发育情况，与腰围一起可以很好地评价和判断腹型肥胖。

二、测量方法及要求

（一）身高的测量

测量身高一般在上午 10:00 左右进行。身高的测量工具过去常采用软尺或立尺，现在使用较多的是身高计。下面以机械身高计为例，简述身高的测量步骤如下：

（1）水平靠墙放置身高计，使立柱的刻度面向光源，以便于读数。

（2）被测量者赤脚，立正（上肢自然下垂，足跟并拢，足尖分开成 60 度）站在身高计的底板上，脚跟、骶骨部及两肩胛间紧靠身高计的立柱上，躯干挺直，两眼目视前方，耳屏上缘与两眼眶下缘最低点呈水平，即"三点靠立柱，两点呈水平"。测量者站在被测量者的左侧或右侧，移动身高计的水平板至被测量者的头顶，轻压于被测者头顶，即可测出身高。

（3）读数完毕，记录，并将水平压板上推至安全高度。

（二）体重的测量

目前体重秤种类很多，在进行体重测量前应仔细阅读相关使用说明书，尤其是电子秤的使用模式、称重方法。下面以电子体重秤为例，简述测量步骤如下：

（1）将体重秤放置于水平平坦地面，确保与地面承接良好。

（2）按说明书校准和调零。

（3）被测者脱去衣帽、外衣，仅着背心、短裤，在秤台中央站稳，根据该款体重秤规定的方法进行读数。测量期间，被测者不能晃动。实际工作中很难仅着背心、短裤测量，建议可估计其他衣物的重量，将测得的重量减去衣物的重量，即得人体的体重。

注意事项：测量体重时，一定要注意被测试者是否有水肿情况存在，如肝硬化、肾病、甲状腺功能减退等疾病；此外，还要注意被测者是否为肌肉发达者,如举重健美运动员等。如有这些情况,必须在记录表备注栏中加以说明,以免在结果分析判断中出现错误。

（三）坐高的测量

儿童坐高的测量通常使用坐高计。测量步骤如下:

（1）让被测儿童端坐或盘坐在有一定高度的矮凳上,骶骨紧靠墙壁或量板,上身后靠成直坐姿势,然后两大腿面与躯干成直角,膝关节屈曲成直角,足尖向前,两脚平放在地面上,头与肩部的位置与身高测量时的要求相同。

（2）让被测儿童挺身,测量者向下移动头板,使其与头顶接触,读刻度值,一般精确到0.1cm。

（四）皮褶厚度的测量

用卡钳测量皮褶厚度最为简单而经济。上臂部测量点:右上臂肩峰后面与鹰嘴连线的中点。肩胛部测量点:右肩胛骨下角下方1cm处。腹部测量点:脐水平线与右锁骨中线交界处。测量步骤如下:

（1）受试者自然站立,充分裸露被测部位。测试人员用左手拇指、食指和中指将被测部位皮肤和皮下组织捏提起来,轻轻捻动手指,使皮褶与肌肉分离。

（2）测量皮褶捏提点下方1cm处的厚度。

（3）按步骤（1）测量3次,取中间值或两次相同的值。记录以毫米为单位,精确到小数点后1位。

（五）头围的测量

头围的测量一般用厘米刻度量尺,使用前要用标准钢尺校正,每米误差不得超过0.2cm。测量步骤如下:

（1）先找准以下三个点:眉毛的最高点,即眉弓;两眉毛的中线,即中间点;脑后枕骨结节,并找到结节的中点,这是儿童头围测量中脑后的最高点。

（2）把软尺的零刻度放在眉间的中间点,以此为起点,开始测量。将软尺沿眉毛水平绕向儿童的头后,顺时针、逆时针都可以,切记要与眉毛对齐。把软尺绕过脑后的最高点,再把软尺绕到眉间的起点,将软尺重叠交叉。

（3）交叉处的数字即为儿童头围。读数精确到0.1cm。

（六）胸围的测量

男性及乳腺尚未发育的女童通常以胸前乳头下缘为固定点,乳腺已突出的女性以胸骨中线第四肋间高度为固定点。测量步骤如下:

（1）被测者处于平静状态,两手自然平放或下垂,两眼平视,取站立姿势。

（2）两名测量者分别立于被测者前面（甲）和背面（乙）,共同完成测量。测量者甲用左手拇指将带尺的零点固定于被测者固定点,测量者乙拉带尺,使其绕经被测者的右侧后背,以两肩胛下角下缘为准,经左侧面回至零点,交与测量者甲。

(3)测量者确保软尺平整,且软尺各处轻轻接触皮肤。测量者甲进行读数,读数精确至0.1cm。

儿童胸围的测量可由1人完成。方法同上。

(七)腰围的测量

腰围的测量步骤如下:

(1)被测量者两脚分开30~40cm。

(2)测量者将一根没有弹性、最小刻度为1mm的软尺放在被测者胯骨上缘与第十二肋骨下缘连线的中点(通常是腰部的自然最窄部位),沿水平方向围绕腹部一周,紧贴而不压迫皮肤,在正常呼气末测量腰围的长度。读数精确至0.1cm。

(八)臀围的测量

(1)被测者自然站立,臀部放松,平视前方。

(2)两位测量者配合,测量者甲首先将软尺放于被测者臀部最隆起的部位,以水平围绕臀一周进行测量。测量者乙充分协助,观察软尺围绕臀部的水平面是否与身体垂直,并记录读数。读数精确至0.1cm。

第二节　常见生物样品的收集和保存

一、24h尿液的收集和保存

(一)尿液对于营养评价的意义

(1)测定人体蛋白质的需要量、氨基酸代谢实验及氮平衡实验。

(2)测定水溶性维生素负荷试验和研究水溶性维生素的需要量。

(3)评价水溶性维生素和矿物质的代谢和需要量。

(4)研究和评价某些药物、毒物等的代谢情况。

(二)收集和保存

1.收集

(1)在收集容器上贴上标签,写上被检者的姓名、性别、年龄。

(2)要求被检者早晨8:00排空小便但不收集,收集此后至第二天早晨8:00所有的尿液,包括排大便时排出的尿液。

(3)盛装尿液的容器放置在温度为4℃的条件下保存。24h内每次收集在收集瓶或尿液杯中的尿液需要及时倒进盛装尿液的容器中。

（4）收集完成后测量总体积，并将尿液混匀。

（5）取出约 60mL 尿液，存于棕色瓶内，并在送检单上写明总尿量，从速送检。

2. 保存

（1）冷藏。4℃的冰箱中保存。

（2）加防腐剂。每升加入 5mL 甲醛溶液，或 5 ~ 10mL 甲苯，或 10mL 浓盐酸，或 0.5 ~ 1g 麝香草酚（根据检验目的只加入一种即可），混匀后室温下保存或放入冰箱中冷藏。

（三）注意事项

（1）收集容器要求清洁、干燥、一次性使用，有较大开口，以便于收集。

（2）应留有足够的标本，任意一次尿标本至少留取 12mL，其余项目最好超过 50mL。如果收集的是定时尿，则容器应足够大，并加盖，必要时加防腐剂。

（3）如需进行尿培养，应在无菌条件下用无菌容器收集中段尿液。

（4）要想获得准确的资料，必须掌握正确的收集方法，及时送检。

二、粪便的收集和保存

（一）粪便样本对于营养评价的意义

（1）用于测定人体蛋白质的需要量（氮平衡法）。

（2）用于评价食物蛋白质的营养价值（氮平衡法）。

（3）用于研究人体矿物质（如钙、铁、锌等）的需要量。

（4）用于评价食物中矿物质的吸收率以及影响矿物质吸收的因素。

（5）用于监测体内矿物质随粪便的排泄情况。

（二）收集和保存

在检查中，由于监测项目不同，所需粪便的量也是不同的。一般对常规检查来说，核桃大小（20 ~ 40g）的成形粪便或 5 ~ 6 汤匙的水样便就足够。

1. 收集

（1）在收集容器上贴上标签，写上被检者的姓名、性别、年龄、编号和检测内容。

（2）用棉签挑选指头大小的一块粪便，一并放入收集容器内。也可戴手套直接从粪便上采集。外观无异常的粪便须从表面、深处等多处取材。

（3）从速送检。

2. 保存

（1）固定保存：适用于寄生虫及虫卵检测。

（2）冷藏保存：纸盒装标本不应直接放入冰箱，否则容易失水。玻璃容器可延长冷藏保存时间，冷藏时间不能太长（不超过 2 ~ 3d）。

（3）运送培养基保存：用于致病菌检测。

（4）0.05mol/L 的硫酸保存：做氮平衡试验时应用。

（5）冷冻保存：主要用于矿物质代谢研究的粪便样品。

（三）注意事项

（1）粪便检验应取新鲜的标本，盛器应洁净。最好将粪便直接收集在容器中，不能从便池的水中或土壤以及草地上收集。

（2）采集标本时应选取含有黏液、脓血等病变成分的粪便；外观无异常的粪便须从表面、深处及粪端多处取材，其量至少为指头大小。

（3）标本采集后应于 1h 内检查完毕。

（4）检查痢疾阿米巴滋养体、血吸虫卵或做隐血试验时的采集保存要求各不相同，应注意按照相应工作手册进行操作。

三、血液的收集和保存

（一）血液样本对于营养评价的意义

血液样本中血糖、血脂等指标对于营养相关疾病的判定具有重要意义，同时矿物质、维生素等检测指标对人体营养评价也具有重要价值。

（二）收集和保存

一般早晨空腹（禁食 8h 以上）采集的血液，分析其结果才具有真实代表性。采血后必须尽快加以处理，并尽快进行检验，否则将影响结果的准确性。抗凝剂的使用也会影响分析结果。血样的采集需由专业人员进行操作。

1. 血样的采集

（1）末梢采血。以指尖采血为例，一般选取左手无名指内侧采血，采血部位应无冻疮、炎症、水肿、破损。如果该部位不符合要求，则以其他手指代替。对手指进行消毒后，取血者用左手紧捏采血手指的指端上部，用右手持一次性消毒采血针刺入指端腹内侧，深度一般为 2mm 左右。用无菌干棉球拭去第一滴血，然后用采血管吸取或用小试管承接血液。采血后应用消毒棉签压紧刺破处，不要触及脏物，不要立即浸水洗手。

（2）静脉采血。操作时严格遵守无菌操作程序。对于采血部位，成人多用肘前静脉，肥胖者也可用腕背静脉。采血时被检者取坐位（病人可躺床上），手臂下垫一枕头，使手臂舒展。系好压脉带后，嘱被采血者紧握拳头数次，按摩采血部位，使静脉扩张。消毒皮肤，采血者左手固定静脉，右手持针穿刺，抽取所需血量。在拔针前，应先放松压脉带，以免发生血肿。拔针后宜

用消毒棉球轻压针眼,并弯曲前臂 2~3min。

2. 血清或血浆的分离

取得血标本后应尽快分离,不宜搁置。如果不能及时分离,应置于4℃的冰箱内保存,且保存时间不能超过72h。

3. 血样保存

温度对血样中某些成分的影响极大。例如,血清在38℃下放置 1h,维生素 C 可受到破坏。血清样品在 4℃下可保存数天,在 −30℃的冰箱中可放置数周、数月乃至数年,但在放置过程中应注意严密封口,严防水分逸出。

(三) 注意事项

采血过程中要防止溶血。抽血时应将血沿管壁慢慢注入试管,不可注入气泡。血液注入试管后不能用力摇动。

四、头发样本的收集和保存

(一) 头发样本对于营养评价的意义

采用头发样本检测其中无机元素的含量,可以用来评价机体的营养状况和作为环境中某些元素污染的评价指标。但头发中微量元素水平与当地环境密切相关,不同性别、年龄段人群头发中的微量元素含量也有差异。所以,用头发中的微量元素水平来评价机体的营养状况时,最好选用当地的适当年龄段人群的正常参考值标准进行评价。

(二) 收集和保存

1. 头发的采集

(1) 被测者自然站立或坐在凳子上,长发者保持头发披散。

(2) 收集者站在被测者身后,左手戴一次性手套,在脑后枕部发际至耳后处提起一小撮头发,右手握剪刀,从距发根 1~2cm 处剪断。脑后枕部头发不受激素水平的控制,生长慢,可以反映更长时间内的营养状况。

(3) 将头发放入干净的塑料杯或塑料试管或纸袋中。头发长的,需要剪去远端头发,只保留剪下的头发近端 3~5cm。

2. 头发的保存

将盛有头发的容器密封好,登记编号和姓名,置室温下保存。

(三) 注意事项

(1) 一定要使用不锈钢剪刀,防止头发被测量元素污染。

(2) 取发要准确,不能只图方便,随便在哪个位置剪一点头发。

(3) 剪下的头发不需太多,以免影响被测者发型的美观,但要给处理洗涤时留出损失量。一般收集 1~2g 样品。

第三节 营养不良的症状和体征判断

一、成人体重正常与否的判断

(一)指标方法概述

1. 标准体重

身高标准体重法是 WHO 推荐的传统上常用的衡量肥胖的公式。标准体重主要与身高有关,但不适用于超力型人群,如运动员。

计算公式:肥胖度(%) = [实际体重(kg) – 身高标准体重(kg)]/身高标准体重(kg)×100%。肥胖度的判断标准如表 4-1 所示。

表 4-1 体重判断标准

体重情况	肥胖度	体重情况	肥胖度
– 20%	消瘦	20%	肥胖
– 10%	偏瘦	30% ~ 50%	中度肥胖
±10% 以内	正常	50% 以上	重度肥胖
10%	超重		

2. 体质指数(body mass index,BMI)

BMI 是指身体质量指数,即体质指数,主要用于比较与分析体重对不同高度人群健康的影响。BMI 是目前 WHO 推荐的国际统一使用的肥胖分型标准,其缺点是不能反映局部体脂的分布。

计算公式:$BMI = 体重(kg)/[身高(m)]^2$。肥胖度的 BMI 判断标准如表 4-2 所示。

表 4-2 BMI 判断标准

	BMI 值/(kg/m²)			相关疾病发病的危险
	WHO 标准	亚洲标准	中国参考标准	
消瘦	< 18.5	< 18.5	< 18.5	低(但发生其他疾病的危险性增加)
正常范围	18.5 ~ 24.9	18.5 ~ 22.9	18.5 ~ 23.9	平均水平
超重	≥25	≥23	≥24	增加
肥胖前期	25.0 ~ 29.9	23.0 ~ 24.9	24.0 ~ 26.9	增加

续表

	BMI 值/(kg/m²)			相关疾病发病的危险
	WHO 标准	亚洲标准	中国参考标准	
Ⅰ度肥胖	30.0 ~ 34.9	25.0 ~ 29.9	27.0 ~ 29.9	中度增加
Ⅱ度肥胖	35.0 ~ 39.9	≥30.0	≥30.0	严重增加
Ⅲ度肥胖	≥40.0	≥40.0	≥40.0	非常严重增加

3. Vervaeck 指数

Vervaeck 指数是指体重与身高之比和胸围与身高之比的总和。它充分反映了人体纵轴、横轴和组织密度,与心肺和呼吸功能关系密切,可用于衡量青年的体格发育情况。

计算公式：Vervaeck 指数 = [体重(kg) + 胸围(cm)] ÷ 身高(cm) × 100

我国青年的 Vervaeck 指数营养评价标准如表 4-3 所示。

表 4-3　我国青年的 Vervaeck 指数营养评价标准

不同年龄 男(女)	优	良	中	营养不良	重度营养不良
17 岁	>85.5	>80.5	>75.5	>70.5	<70.5
18 岁(17 岁)	>87.5	>82.5	>77.5	>72.5	<72.5
19 岁(18 岁)	>89.0	>84.0	>79.0	>74.0	<74.0
20 岁(19 岁)	>89.5	>84.5	>79.0	>74.4	<74.0
21 岁(20 岁以上)	>90.0	>85.0	>80.0	>75.0	<75.0

4. 皮褶厚度

皮褶厚度一般不单独作为肥胖度的判断标准,通常与身高、体重结合起来使用。

5. 腰臀比值(WHR)

WHR 计算公式为：腰臀比值(WHR) = 腰围(cm)/臀围(cm)

若成年男性 WHR ≥ 0.9,成年女性 WHR ≥ 0.85,则属腹型肥胖。

(二)综合评价与分析

1. 消瘦的判断

(1)基本信息收集。基本信息的询问,身高和体重的测量,标准体重指数、体质指数(BMI)和 Vervaeck 指数的计算。

(2)简单判断。参考表 4-1 至表 4-3,得出消瘦测评结果如表 4-4 所示。

表 4-4 成人消瘦评价表

指标	结果	等级评价
标准体重指数	-33.3%	重度瘦弱
体质指数(BMI)	14.69	重度瘦弱
Vervaeck 指数	67.90	重度营养不良

(3)综合评价和分析。综合其他可见或可用的信息(表4-5),判断和分析消瘦发生的可能原因,如长期食物摄入不足、出现营养不良,结合人体测量及体检观察结果,营养师可判断其为重度消瘦。

表 4-5 成人消瘦综合评价指标和原因分析

营养评价	可能的参考指标和原因分析	备注
生化数据、临床检验	实际静息代谢率(RMR)高于预测或估计值	如果有数据,可参考。
人体测量	皮褶厚度减小; 体质指数:<18.5 为瘦弱, BMI<16 为重度瘦弱; 标准体质指数:<-10% 为瘦弱, <-20% 重度瘦弱。	
体检检查	肌肉减少和萎缩,皮肤松弛;	
食物/营养史	食物摄入不足; 提供的食物有限; 膳食搭配不合理。 饥饿; 拒食、偏食; 运动量过大; 维生素、矿物质缺乏。	膳食调查数据。
个人情况	营养不良; 疾病或残疾; 智力障碍、痴呆; 服用影响食欲的药物; 运动员、舞蹈演员、体操运动员。	询问和观察。

2. 超重和肥胖的判定

(1)基本信息收集。基本信息包括姓名、病史、食物/营养摄入史,询问时要抓住重点。完成体格测量,计算体质指数、腰臀比值等。

(2)简单判断。将上述计算结果填入表 4-6 中,并根据前述标准判断是否肥胖及肥胖程度。

表4-6 体格评价表

指标	结果	简单评价
肥胖度		超重,肥胖(轻度、中度、重度)
体质指数		超重,肥胖(Ⅰ度、Ⅱ度、Ⅲ度)
腰臀比值		腹型肥胖:是/否

(3)综合评价和分析。评价和分析过程同前(表4-7)。

表4-7 成人肥胖综合评价指标及原因分析

营养评价	可能的指标和原因(必须包括一个或更多)	备注
生化数据、临床检验	实际静息代谢率(RMR)低于预测或估计值	如果有数据,可参考。
人体测量	按年龄、性别,BMI超出规定标准; 按年龄、性别,腰围超出规定标准; 皮褶厚度增加。	
体检观察	可见肥胖,面部、腹部脂肪堆积,腰围粗。	
食物/营养史	能量摄入过高:摄入过多的高脂肪、高能量食品或饮料,或进食太多(进食量超过推荐量的2倍); 缺乏运动或运动时间、强度不够、久坐; 不了解营养相关的膳食推荐值; 无法或不愿执行膳食推荐值; 职业。	
个人史	患有甲状腺功能低下、代谢综合征,进食不规律; 残疾或运动受限; 有身体虐待、性虐待、情感虐待史; 服用影响RMR的药物,如普萘洛尔、吡嗪类、激素类药物。	

二、儿童体格发育的评价

(一)指标方法概述

用于评价儿童体格发育的指标很多,这些指标各有优缺点,适用于不同年龄段儿童。

1. 体质指数(BMI)

中国肥胖问题工作组制定了7—18岁儿童和青少年的年龄-性别-BMI的百分位曲线图,建议P_{85}和P_{95}分别为判断超重和肥胖的界限值。

2. 身高体质指数

身高体质指数的计算公式为：身高体质指数 = 体重（kg）÷ 身高（cm）× 1000。我国城市青少年身高体质指数如表4-8所示。

表4-8 中国城市青少年身高体质指数平均值

年龄	身高体质指数/(kg·cm⁻¹)	
	男	女
7 岁	176	171
8 岁	184	180
9 岁	195	191
10 岁	207	205
11 岁	213	219
12 岁	234	241
13 岁	254	262
14 岁	278	281
15 岁	299	296
16 岁	314	306
17 岁	325	311
18—25 岁	394	324

3. Kaup 指数

Kaup 指数适用于学龄前儿童的体格营养状况评价。其计算公式为：Kaup 指数 = 体重（kg）÷ [身高（cm）]^2 ×10^4。Kaup 指数评价标准如表4-9所示。

表4-9 Kaup 指数评价标准

评价	Kaup 指数/(kg·cm⁻²)	评价	Kaup 指数/(kg·cm⁻²)
肥胖	>22.0	消瘦	15 ~ 13
优良	22 ~ 19	营养不良	13 ~ 10
正常	19 ~ 15	消耗性疾病	<10

4. Rohrer 身体指数

Rohrer 指数又称重量指数，可反映体重与身高的比例关系，适用于评价学龄前儿童和青少年的体格发育状况。其计算公式为：Rohrer's 指数 = 体重（kg）÷ [身高（cm）]^3 ×10^7。Rohrer 指数评价标准如表4-10所示。

表 4-10　Rohrer 指数评价标准

评价	Rohrer 指数/(kg·cm^{-3})	评价	Rohrer 指数/(kg·cm^{-3})
过度肥胖	>156	瘦弱	92~109
肥胖	140~156	过度瘦弱	<92
中等	109~140		

5. 群体生长发育状况常用的评价标准

关于该内容,可参考《世界卫生组织儿童生长发育评价的体重和身高评价标准》,该标准中列出了以下参考值:百分位数(如 P_3、P_{97})、中位数(M、P_{50})、均数(x)、标准差(SD)。具体方法又可分为百分位数法、标准差法和标准差评分法(Z 评分法)、中位数百分比法等。

(二)综合评价与分析

1. 个体评价

[案例]　某 7 岁男童体格测量结果为:体重 25kg,身高 112cm,胸围 58cm。试评价该男童的生长发育状况。

(1)信息收集:进行体格测量,整理体格测量数据。

(2)体格评价:计算结果,列出评价表(表 4-11)。

表 4-11　某 7 岁男童的体格评价结果

评价指标	计算结果	评价结果
体质指数(BMI)	19.93	肥胖
身高体质指数	223.21	大于均值 176
Kaup 指数	19.93	优良
Rohrer 指数	177.95	过度肥胖

2. 人群评价

对人群资料,可直接将身高、体重值与参考值比较,分别采用前述方法进行评价。

(1)等级范围判断见表 4-12。

表 4-12 标准差法、Z 评分法和百分位数法评价人体营养状况的等级范围

发育等级	离差法	Z 评分法	百分位数法
上等	$> \bar{X} + 2SD$	> 2	$> P_{97}$
中上等	$\bar{X} + SD \sim \bar{X} + 2SD$	$1 \sim 2$	$P_{75} \sim P_{97}$
中等	$\bar{X} \pm SD$	$-1 \sim 1$	$P_{25} \sim P_{75}$
中下等	$\bar{X} - 2SD \sim \bar{X} - 1SD$	$-2 \sim -1$	$P_3 \sim P_{25}$
下等	$< \bar{X} - 2SD$	< -2	$< P_3$

（2）根据标准差或 Z 评分判断儿童营养状况。① 体重不足：儿童按"年龄的体重（WT/A）"低于参考标准体重中位数减 2 个标准差或者 Z 评分 < -2，为中度体重不足；低于体重中位数减 3 个标准差或者 Z 评分 < -3，为重度体重不足。② 发育迟缓：儿童按"年龄的身高（HT/A）"低于参考标准身高中位数减 2 个标准差或者 Z 评分 < -2，为中度发育迟缓；低于身高中位数减 3 个标准差或者 Z 评分 < -3，为重度发育迟缓。③ 消瘦：儿童按"身高的体重（WT/HT）"低于参考标准中位数减 2 个标准差或者 Z 评分 < -2，为消瘦；低于参考标准中位数减 3 个标准差或者 Z 评分 < -3，为重度消瘦。

（3）将某个体的调查数据与该人群的中位数进行比较，用比值大小来判断营养状况（表 4-13）。

表 4-13 中国学生身高标准体重对营养状况的评价

与身高的体重中位数比较	营养状况	与身高的体重中位数比较	营养状况
$> 120\%$	肥胖	$70\% \sim 79\%$	轻度营养不良
$111\% \sim 120\%$	超重	$60\% \sim 69\%$	中度营养不良
$91\% \sim 110\%$	正常体重	$< 60\%$	重度营养不良
$80\% \sim 90\%$	较低体重		

三、常见营养素缺乏病的判断与评价

（一）蛋白质-能量营养不良

如果蛋白质和（或）能量供给不能满足机体维持正常生理功能的需要，就会发生蛋白质-能量营养不良症。蛋白质-能量营养不良是所有营养不良中最致命的一种，尤其是对于婴幼儿来说，损害较大。

1. 蛋白质-能量营养不良的症状、体征

（1）水肿型营养不良（Kwashiorkor）：以蛋白质缺乏为主，能量供给尚能适应机体需要，以水肿为主要特征。该型较少见，多发生于经济落后国家和地

区的儿童,主要表现为淡漠、嗜睡、厌食、动作缓慢。面部、四肢、会阴皮肤干燥,伴色素沉着,角化过度,呈鱼鳞状。头发稀疏、干燥、无光泽、质脆、易折断,指甲生长迟缓。低体温、低血压、低体重,因有全身水肿,有时体重可正常,心动过缓,肝大,可有胸水、腹水,四肢消瘦,水肿,轻度贫血。实验室检查结果显示可同时伴有维生素缺乏、血浆白蛋白显著下降等现象。

(2)消瘦型营养不良(Marasmus):以能量不足为主,特征性表现不多。患者淡漠、嗜睡、低体温、低血压、缓脉的程度较蛋白质营养不良综合征为轻。食欲缺乏,低体重,显著的肌肉消耗、消瘦,但无浮肿。皮肤干燥,弹性差,无皮炎。毛发纤细、干燥、无光泽。腹壁薄,无肝大,可有轻度贫血。

(3)继发性营养不良症(混合型):此型多见,临床表现不一,很大程度上与原发病有关。轻症者可仅表现为儿童生长发育障碍,成人体重较轻。较重的一些表现为面部和四肢皮下脂肪减少。骨骼肌显著消耗,尤其以骨间肌和腹部肌肉消瘦引人注目。皮肤干燥、松弛,毛发纤细、易折。如血浆蛋白很低,可引起水肿。此外,有原发病的临床表现。

2. 蛋白质-能量营养不良的判断与评价

进行蛋白质-能量营养不良的判断时,需要综合查体结果和个人病史资料,根据表现出的症状与体征做出正确判断。考虑要点见表4-14。

表4-14　营蛋白质-能量营养不良的判断要点

评价内容	判断要求(必须包括1项或多项)
个人史	① 先天性营养不良; ② 吸收不良; ③ 疾病或残疾; ④ 服用影响食欲的药物(如多动症)。
食物/营养 (报告或观察)	① 长期食物摄入不足; ② 母乳不足; ③ 喂养不当; ④ 饥饿; ⑤ 拒食。
人体测量	① 身高、体重、皮褶厚度、头围、胸围、上臂围等(可比较近期体重变化情况); ② BMI<18.5,儿童可根据生长发育曲线。
临床表现	① 消瘦型; ② 水肿型; ③ 继发性(混合型)。
生化数据	初步判断后,可建议进行必要的实验室检查,患者可出现血红蛋白、血清蛋白、血清运铁蛋白、血清甲状腺素结合前白蛋白等指标下降。但这些指标都不是特异性的,应结合其他结果进行判断。

（二）缺铁性贫血

营养性贫血是因机体生血所必需的营养物质（如铁、叶酸、维生素 D 等物质）相对或绝对减少，引起血红蛋白的形成或红细胞的生成不足，导致造血功能低下的一种疾病。营养性贫血多发于 6 个月至 2 岁的婴幼儿、妊娠期或哺乳期妇女以及胃肠道等疾病所致营养物质吸收较差的患者。营养性贫血可分为缺铁性贫血和巨幼红细胞贫血。

1. 缺铁性贫血的症状、体征

人体因缺铁而造成的贫血过程，大致分以下三个阶段：① 铁减少期。体内贮存铁下降，早期出现血清铁蛋白下降，但无临床症状。② 红细胞生成缺铁期。体内贮存铁进一步减少，铁蛋白减少，血清铁和转铁蛋白饱和度下降，总铁结合力增高和游离原卟啉升高，出现一般症状。③ 缺铁性贫血期。除上述特点外，尚有明显红细胞和血红蛋白减少，并出现多个系统的症状。

缺铁性贫血的临床表现：① 起病缓慢，一般先出现皮肤黏膜逐渐苍白，尤其以口唇和甲床最明显。② 疲乏无力，不爱活动，常有烦躁不安或者萎靡不振等表现。③ 食欲不振，常出现口腔炎、舌炎、舌乳头萎缩，有的还会出现异食癖，如喜欢吃泥土、泥浆等。④ 机体免疫功能和抗感染能力下降，抗寒能力降低。⑤ 体格检查发现患者肝脾肿大、心率增快，化验检查以血红蛋白、血清铁蛋白等减少为主。

2. 缺铁性贫血的判断与评价

判断要点详见表4-15。

表 4-15　缺铁性贫血的判断要点

评价内容	判断要求（必须包括 1 项或多项）
个人史	① 吸收不良； ② 其他代谢疾病； ③ 服用影响食欲或抑制铁吸收的药物。
临床表现	① 心慌、气促、头昏； ② 畏寒、抵抗力下降； ③ 口唇、甲床、黏膜苍白； ④ 易疲劳； ⑤ 儿童发育迟缓、注意力不集中、认知能力障碍等。
食物/营养（报告或观察）	① 长期食物（特别是动物性食物）摄入不足； ② 喂养不当； ③ 节食或限制食物类别； ④ 食物选择不当或不良的膳食行为。
生化数据/临床检验	① 血红蛋白、血清铁、血白蛋白、血清运铁蛋白、血清甲状腺素结合前蛋白等指标下降。 ② 我国海平面地区诊断标准：成年男性 Hb < 120g/L，成年女性（非妊娠）Hb < 110g/L，孕妇 Hb < 100g/L。

（三）骨软化病（维生素 D 缺乏）

骨软化病是骨代谢病的一种，即成人佝偻病，多见于妊娠、多产的妇女及体弱多病的老人。病因多为维生素 D 和钙、磷缺乏（如营养不良、缺乏日照，反复妊娠和哺乳致骨内钙、磷储备耗尽），少数病例是由肾小管病变或酶缺陷、肝病、抗惊厥药等所致。

1. 骨软化病的症状、体征

最常见的症状是骨痛、肌无力和骨压痛。重度患者有脊柱压迫性弯曲、身材变矮、骨盆变形等表现，但肌痉挛及手足搐搦的发生并不多见。

发病初期，骨痛往往是模糊的，常在腰背部或下肢，痛的部位不固定，并且其发作也没有一定的规律性，一般是在活动时加重。因为没有显著的体征，往往被认为是风湿或神经官能症。胃切除手术后发生骨软化症的患者往往表现为肌无力，开始患者的感觉是上楼梯或从坐位起立时很吃力，病情加剧时患者甚至完全不能行走。在骨痛与肌无力同时存在的情况下，患者步态特殊，称为"鸭步"或"企鹅步态"。

2. 骨软化病的判断与评价

骨软化病的判断与评价要点见表 4-16。

表 4-16　骨软化病的判断要点

评价内容	判断要求（必须包括 1 项或多项）
个人史	① 吸收不良； ② 其他代谢疾病； ③ 服用影响维生素 D 吸收的药物； ④ 骨质疏松、骨质软化、骨折次数； ⑤ 日光照射不足； ⑥ 生育次数。
人体测量	身高是否有改变
临床表现	① 手足痉挛：抽搐、惊厥； ② 肌无力； ③ X 射线检查有改变。
食物/营养 （报告或观察）	① 长期食物（特别是富含维生素 D 的食物）摄入不足； ② 食物选择不当或不良的膳食行为。
生化数据/临床检验	① 低血钙、低血磷、血清 25-(OH)D$_3$ 小于 20mmol/L； ② 血清碱性磷酸酶活性升高

（四）儿童佝偻病

儿童体内维生素 D 不足会引发佝偻病。该病是一种慢性营养缺乏病，发病缓慢,可影响生长发育。多发生于3个月至2岁的婴幼儿。

1. 儿童佝偻病的症状、体征

在临床上分为初期、极期、恢复期和后遗症期。初期、极期和恢复期统称为活动期。

(1)初期。多数从3月龄左右开始发病,此期以精神神经症状为主,患儿有睡眠不安、好哭、易出汗等表现,出汗后头皮痒而在枕头上摇头摩擦,出现枕部秃发。

(2)极期。除初期症状外,患儿以骨骼改变和运动功能发育迟缓为主,用手指按在3—6月龄患儿的枕骨及顶骨部位,感觉颅骨内陷,随手放松而弹回,称"乒乓球征"。8—9月龄以上的患儿头颅常呈方形,前囟大及闭合延迟,严重者18个月时前囟尚未闭合。两侧肋骨与肋软骨交界处膨大如珠子,称肋串珠。胸骨中部向前突出,形似鸡胸,或下陷成漏斗胸,胸廓下缘向外翻起,为肋缘外翻;脊柱后突、侧突;会站走的小儿两腿会形成向内或向外弯曲畸形,即"O"形或"X"形腿。患儿的肌肉韧带松弛无力,因腹部肌肉软弱而使腹部膨大,平卧时呈蛙状腹。因四肢肌肉无力,学会坐、站、走的年龄都较晚;因两腿无力,容易跌跤。出牙较迟,牙齿不整齐,容易发生龋齿。大脑皮质功能异常,条件反射形成缓慢,患儿表情淡漠,语言发育迟缓,免疫力低下,易并发感染、贫血。

(3)恢复期。经过一定的治疗后,各种临床表现均消失,肌张力恢复,血液生化改变和X线表现也恢复正常。

(4)后遗症期。多见于3岁以上的儿童,经治疗或自然恢复后多数患儿临床症状消失,仅重度佝偻病患儿会遗留下不同部位、不同程度的骨骼畸形。

2. 儿童佝偻病的判断与评价

儿童佝偻病的判断需综合维生素D缺乏的病因、临床表现、血生化及骨骼X线检查结果进行。血生化与骨骼X线检查为诊断该病的金标准。血清25-(OH)Vit D_3(正常10~80g/L)和1,25-(OH)$_2$ Vit D_3(正常0.03~0.06g/L)在佝偻病活动早期就明显降低,为可靠的早期诊断指标;血浆中碱性磷酸酶升高在病程中出现较早而恢复较晚,故也比较有参考价值;尿钙测定有助于佝偻病的诊断,同时尿中碱性磷酸酶的排泄量可增高;初期X线检查显示长骨骺部钙化预备线模糊;极期钙化预备线消失、骨骺端增宽、骺端呈杯状或毛刷状改变,骨质稀疏、骨干弯曲变形或骨折;X线骨龄摄片还可发现骨龄落后。

(五)维生素 B_2 缺乏

维生素 B_2 又叫核黄素,是哺乳动物必需的营养物质。当膳食中长期缺乏维生素 B_2 时,就会影响机体的生物氧化,使代谢发生障碍。由于我国居民膳食结构的特点,维生素 B_2 缺乏在我国是一种较为常见的营养缺乏病,在中医中被称为"口疮""肾囊风"或"绣球风"等。

1. 维生素 B_2 缺乏的症状、体征

维生素 B_2 缺乏症的临床症状多为非特异性的,但常有群体患病的特点,常见的临床症状有阴囊皮炎、口角糜烂、脂溢性皮炎、结膜充血及怕光、流泪等。一般早期症状可包括虚弱、疲倦、伤口愈合不良、眼部发热、眼痒,进一步发展可出现唇炎、口角炎、舌炎(地图舌)、鼻及眼睑部的脂溢性皮炎,男性有阴囊炎,女性偶见阴唇炎,故有"口腔生殖综合征"的说法。长期缺乏维生家 B_2 还可导致儿童生长发育迟缓、轻中度缺铁性贫血、胎儿畸形等。

2. 维生素 B_2 缺乏的判断与评价

维生素 B_2 缺乏虽能引起许多临床症状,但只有在维生素 B_2 缺乏达一定程度后才会出现,而轻微的维生素 B_2 缺乏可无任何临床症状,因此必须结合实验室检查情况综合判断与准确评价。维生素 B_2 缺乏的判断要点见表4-17。

表4-17 维生素 B_2 缺乏的判断要点

评价内容	判断要求(必须包括1项或多项)
个人史	① 摄入不足、吸收不良; ② 其他代谢疾病或消化性疾病; ③ 服用影响维生素 B_2 吸收的药物。
临床表现	① 眼结膜充血; ② 喉咙疼痛、咽、口腔黏膜水肿充血,口角炎,舌炎,唇炎; ③ 脂溢性皮炎; ④ 贫血。
食物/营养 (报告或观察)	① 长期摄入食物(特别是富含维生素 B_2 的食物)不足; ② 喂养不当; ③ 节食或限制食物类别、偏食; ④ 食物选择不当或不良的膳食行为。
生化数据/临床检验	① 红细胞核黄素测定。红细胞中核黄素含量与膳食摄入量密切相关,是评价核黄素营养状况的最佳指标。红细胞中核黄素含量 >400μmol/L(150μg)为正常, <270μmol/L(100μg)为缺乏。② 尿核黄素测定。尿中核黄素排出量也是一项有价值的诊断依据。尿核黄素排出量 >300μmol/L(>120μg)为正常,但必须注意影响核黄素排出的因素。③核黄素负荷试验。清晨排出第一次尿后,口服 5mg 核黄素后 4h 收集尿液。当尿中核黄素排出量 ≥3450nmol(≥1300μg)为正常,1330~3450nmol(500~1300μg)为不足,≤1330nmol(≤500μg)为缺乏。④ 基层医疗单位,对疑有维生素 B_2 缺乏的个体或群体,可试用维生素 B_2 进行诊断性治疗,治疗有效者可确诊。

（六）锌缺乏

锌对人体的性发育、性功能、生殖细胞起着重要作用。锌还与大脑发育和智力有关。锌对维持上皮和黏膜组织正常功能、防御细菌和病毒侵入、促进伤口愈合、减少痤疮等皮肤病变，及校正味觉失灵等均有妙用。锌缺乏是人群中常见的营养缺乏症，婴幼儿、儿童、孕妇及育龄妇女是锌缺乏的高发人群。

1. 锌缺乏的症状、体征

锌缺乏的主要表现为生长发育迟缓、性成熟迟缓、食欲减退、味觉异常、异食癖、伤口不易愈合等。

（1）厌食。缺锌时，味蕾功能减退，味觉敏锐度降低，食欲不振，摄食量减少。

（2）生长发育落后。缺锌儿童的身高、体重常低于正常同龄儿童，严重者可有侏儒症。缺锌可影响儿童智力发育，严重者会出现精神障碍，补锌皆有效。

（3）青春期性发育迟缓。例如，男性生殖器睾丸与阴茎过小，睾酮含量低，性功能低下；女性乳房发育及月经来潮晚；男女阴毛皆出现晚等。补锌后数周至数月第二性征出现，上述症状减轻或消失。

（4）异食癖。缺锌儿童可有喜食泥土、墙皮、纸张、煤渣或其他异物等表现，补锌效果好。

（5）易感染。缺锌儿童的细胞免疫及体液免疫功能皆可能降低，易患各种感染，包括腹泻。

（6）皮肤黏膜表现。缺锌严重时可有各种皮疹、大疱性皮炎、复发性口腔溃疡、下肢溃疡长期不愈及程度不等的秃发等。

严重缺锌的孕妇及怀孕动物出现胎儿生长发育落后及各种畸形，包括神经管畸形等。生产时可因子宫收缩乏力而使产程延长、出血过多。其他如精神障碍或嗜睡，及因维生素 A 代谢障碍而致血清维生素 A 降低、暗适应时间延长、夜盲等。

2. 锌缺乏的判断与评价

目前，临床上血清（浆）锌是比较常用的判断与评价指标。如果高度怀疑锌营养不良性疾病，可适当补锌。补锌后症状、体征均好转或消失也可作为诊断的重要依据。锌缺乏的判断要点详见表4-18。

表 4-18　锌缺乏的判断要点

评价内容	判断要求(必须包括 1 项或多项)
个人史	① 摄入不足、吸收不良； ② 其他代谢性疾病或消化性疾病； ③ 服用影响锌吸收的药物。
人体测量	身高、体重低于正常范围,生长发育迟缓(儿童)
临床表现	① 性器官发育不良(儿童)； ② 皮肤干燥、粗糙,毛发稀疏、发黄； ③ 口腔溃疡、口角炎等； ④ 反复消化道或呼吸道感染； ⑤ 嗜睡、情绪波动。
食物/营养 (报告或观察)	① 食欲不振、异食癖； ② 富含锌的食物摄入不足； ③ 喂养不当(婴幼儿)； ④ 节食或限制食物类别、偏食； ⑤ 食物选择不当或不良的膳食行为。
生化数据/临床检验	① 发锌可作为慢性锌缺乏的参考指标,可作为群体锌营养状况以及环境污染的检测指标。② 临床上血清(浆)锌的测定是比较常用的指标,在大型人群试验中常用。③ 尿锌能反映锌的代谢水平但受尿量及近期膳食摄入锌的影响,个体差异极大。目前在临床诊断中敏感而特异的锌营养状况的评价标准仍然不充分,血锌、发锌、尿锌三者同时测定具有一定的参考价值。(我国健康人血锌值可参考相关调查资料。)

营养配餐与食谱编制

平衡膳食、合理营养是健康饮食的核心。为保证人体正常的生理功能，促进健康和生长发育，提高机体的抵抗力和免疫力，甚至某些疾病的预防和控制都需要合理的营养。合理营养必须通过平衡膳食达到，而平衡膳食是通过营养配餐来实现的。营养配餐是实现平衡膳食的有效方法，编制的食谱是营养配餐的结果，营养平衡膳食的原则通过食谱表达出来。

营养配餐的意义在于：（1）传递平衡膳食理念，帮助人们养成良好的饮食习惯。可将各类人群的膳食营养素参考摄入量具体落实到用膳者的每日膳食中，使他们能按需摄入足够的能量和各种营养素，同时又防止营养素或能量的过高摄入，降低患相关疾病的风险。（2）根据群体或个体对各种营养素的需要，结合当地经济条件、食物的品种、生产季节和厨房烹调水平，合理选择各类食物，做到平衡膳食。（3）编制营养食谱，可用于指导食堂管理人员有计划地管理食堂膳食，也有助于家庭有计划地管理家庭膳食，并且有利于成本核算。

第一节　营养配餐基本理论和食谱编制原则

一、营养配餐的理论依据

营养配餐的实践性强，需要以一系列营养理论为指导。这些理论包括第二章中提到的中国居民膳食营养素参考摄入量（DRIs）、中国居民膳食指南和平衡膳食宝塔，还有食物成分表和基本营养平衡理论。

（一）食物成分表

食物成分表是将食物量与营养素互相转化的工具，是营养配餐工作中必不可少的。中国疾病预防控制中心营养与食品安全所于 2002 年、2004 年出版了《食物成分表》两册,所列食物以生原料为主,内容分为使用说明(包括食物的描述)、食物成分表和附录三个部分。食物成分表又分为食物一般营养成分表与食物氨基酸、脂肪酸、叶酸、碘、大豆异黄酮、部分维生素含量表。书中食物的分类、编码、食物成分的表达等方面均参照国际统一的方式。编码采取 6 位数字,前 2 位数字是食物的类别编码,第 3 位数字是食物的亚类编码,最后 3 位数字是食物在亚类中的排列序号。如:编码为"04—5_—401"的食物(竹笋),即第 04 类食物第五亚类第 401 条食物。食物成分采用中文名称、英文名称或缩写两种方式来表示,各种食物成分数据均为每 100 g 可食部分食物中的成分含量(各种单体脂肪酸除外)。各项食物都列出了产地和食部。列出食部的比例是为了便于计算市售品每千克(或其他零售单位)的营养素含量。市售品的食部不是固定不变的,当认为食部的实际情况和表中食部栏内所列数字有较大出入时,可以自己测量食部的量。根据食物成分表,在编制食谱时才能将营养素的需要量转换为食物的需要量,再确定食物的品种和数量;反之,评价食谱所含营养素摄入量是否满足需要时,同样需要参考食物成分表中各种食物的营养成分数据,计算食谱中的营养素是否符合 DRIs 的要求。2006 年出版的《食物营养成分速查》集中了《食物成分表》的精髓,还增加了常见菜肴和快餐的营养素,适用于家庭使用。

(二)营养平衡理论

(1)膳食中三种宏量营养素(产能营养素)需要保持一定的比例。膳食中蛋白质、脂肪和碳水化合物除了各具特殊的生理功能外,其共同特点是提供人体所必需的能量。在膳食中,这三种产能营养素必须保持一定的比例,才能保证膳食平衡。若按其各自提供的能量占总能量的百分比计,则蛋白质占 10% ~15%,脂肪占 20% ~30%,碳水化合物占 55% ~65%。同时需摄入能量与机体消耗的能量平衡。如果摄入的能量大于机体消耗量,将会引起肥胖、高血脂等慢性病;如果摄入的能量过少,则会引起营养缺乏、消瘦等,同样会诱发多种疾病。

(2)膳食中优质蛋白质与一般蛋白质保持一定的比例。食物蛋白质中所含的氨基酸有 20 多种,其中在人体内不能合成、必须由食物供给的必需氨基酸有 8 种,人体对这 8 种必需氨基酸的需要量保持一定的比例。动物性蛋白和大豆蛋白所含的必需氨基酸种类齐全、比例恰当,人体利用率高,称为优质蛋白质。常见食物蛋白质的氨基酸组成不可能完全符合人体需要的比例,只有多种食物混合食用,才容易使膳食氨基酸组成符合人体需要。因此,在食谱中要注意将动物性蛋白、大豆蛋白和其他植物性蛋白进行适当搭配,并保证优质蛋白质占蛋白质总供给量的1/3以上。

（3）饱和脂肪酸、单不饱和脂肪酸和多不饱和脂肪酸之间的平衡。不同食物来源的脂肪,脂肪酸组成不同,有饱和脂肪酸、单不饱和脂肪酸及多不饱和脂肪酸。在脂肪提供的占总能量30%的能量中,饱和脂肪酸提供的能量应占总能量的7%左右,单不饱和脂肪酸在10%以内,剩余的13%由多不饱和脂肪酸提供。动物脂肪相对含饱和脂肪酸和单不饱和脂肪酸多,多不饱和脂肪酸含量较少。植物油主要含不饱和脂肪酸。两种必需脂肪酸亚油酸和亚麻酸主要存在于植物油中,鱼贝类食物含二十碳五烯酸和二十二碳六烯酸相对较多。橄榄油、茶油中单不饱和脂肪酸含量较多。

关于食物的酸碱平衡问题,从食物的化学性质上看似乎有一定道理,但在营养学上没有实际意义。因为正常人体有强大的调节功能,可以维持机体酸碱度处于稳定状态。

二、食谱的编制原则

（一）食物及其营养素平衡

（1）参考DRIs膳食应满足人体需要的能量、蛋白质、脂肪、各种矿物质和维生素。各种食物提供的营养素既满足就餐者需要,又不过量。对于一些特殊人群,如处于生长期的儿童和青少年、孕妇和乳母,还要注意易缺营养素（如钙、铁、锌等）的供给。

（2）各营养素之间的比例适宜。膳食中能量来源及其在各餐中的分配比例要合理。要保证膳食蛋白中优质蛋白质占适宜的比例。要以植物油作为油脂的主要来源,同时还要保证碳水化合物的摄入,各矿物质之间配比也要适当。

（3）食物搭配合理。按《中国居民膳食指南》要求,五大类食物品种多样,数量充足,注意主食与副食、杂粮与精粮、荤与素等食物的平衡搭配。每天最好摄入20种以上食物原料。

（4）膳食制度合理。一般应定时定量进餐,成人一日三餐,儿童三餐以外再加一次点心,老人也可在三餐之外加点心。

（二）照顾饮食习惯,注意饭菜的口味

在可能的情况下,既使膳食多样化,又照顾就餐者的膳食习惯。注重烹调方法,尽量做到色、香、味俱全。

（三）考虑季节和市场供应情况

熟悉市场可供选择的原料,并了解其营养特点。

（四）兼顾经济条件

食物的营养价值与价格不成正比。既要使食谱符合营养要求，又要使进餐者在经济上有承受能力，才会使食谱符合实际需求。

第二节　营养需要和食物种类的确定

一、确定营养需求

不同年龄、性别、体型、活动强度、生活状态人群对营养素的需求存在差异，在相同年龄、性别、体型的不同个体间也会有差异。确定成人每日膳食营养目标有两种方法：第一种方法为直接查表法；第二种方法为计算法，即根据标准体重和每千克体重所需能量计算，原则上可直接查 DRIs 表。

（一）确定能量需要

人类对营养的需要，首先是对能量的需要。能量代谢与基础代谢、食物热效应以及劳动强度有关。能量供给允许在 ±10% 以内波动。集体就餐对象的能量供给量标准可以以就餐人群的基本情况或平均数值为依据，包括人员的平均年龄、平均体重，以及 80% 以上就餐人员的活动强度。如就餐人员的80% 以上为办公室职员，轻体力劳动的男性，则对照膳食营养素参考摄入量（DRIs）中能量的推荐摄入量（RNI），每日所需能量供给量标准为 9.2MJ（2200kcal）。对于某个个体需要对性别、年龄、机体条件、劳动强度、工作性质以及饮食习惯等进行全面营养评价后确定。如果用餐对象是超重的轻体力劳动的成年男性，每日所需能量供给量标准可适当减少为 8.36MJ（2000kcal）。劳动强度的判定可参照以下分级标准：轻体力劳动是指工作时有 75% 的时间坐或站立，25% 的时间站着活动；中等体力劳动是指工作时有40% 的时间坐或站立，60% 的时间从事特殊职业活动；重体力劳动是指工作时有 25% 的时间坐或站立，75% 的时间从事特殊职业活动。

1. 记录用餐对象基本情况

了解用餐对象的基本情况后填入记录表（表5-1）。

表5-1　用餐对象基本情况记录表

姓名	性别	年龄	身高	体重	职业工种	判断	备注

身高、体重可以通过询问或测量获得,计算体质指数(BMI)。如果完全能估计体重范围,就不必计算 BMI 值。

2. 确定每日能量需要量

(1)查表法。确定属于某个人群后,直接查《中国居民膳食营养素摄入量(DRIs)2013》表,得到能量需要量。

(2)计算法。先根据 BMI 值(正常范围 18.5~23.9)判断体型属于消瘦、正常、超重还是肥胖,再根据表 5-2 确定每千克体重所需能量,然后按体重计算每日所需能量。

表 5-2　成人每日能量供给量估计值(kcal/kg 标准体重)

体型	极轻体力劳动	轻体力劳动	中体力劳动	重体力劳动
消瘦	30~35	35~40	40~45	45~55
正常	25~30	30~35	35~40	40~45
超重	20~25	25~30	30~35	35~40
肥胖	15~20	20~25	25~30	30~35

(资料来源于《公共营养师职业资格培训教程》)

例如:某男性教师,年龄 32 岁,体重 85kg,升高 180cm。根据身高计算其标准体重为 180 - 105 = 75(kg),BMI = 26,判断为超重。教师为轻体力劳动者,则其能量供给量为 25~30kcal/kg,每日能量需要量 = 标准体重(75kg)×28(25~30,取 28)kcal/kg = 2100kcal。

(二)确定产能营养素需要量

碳水化合物、脂肪、蛋白质三大产能营养素应保持一定比例。碳水化合物是主要供能营养素,应占总能量的 55%~60%,蛋白质供能应占总能量的 10%~15%,脂肪供能不宜超过 20%~30%。选择上限还是下限,应根据用餐对象所属的人群和供给食物的质量来定。例如,未成年人因生长发育的需要,蛋白质供给可采用上限,而相应减少脂肪的比例。如果供给的优质蛋白所占比例大(大于 1/2),则蛋白质供给可采用下限。一般来说,脂肪的能量选择低值,碳水化合物选择平均值。根据产能营养素占总能量的比例就可以计算产能营养素需要量。三个产能营养素所占的能量比例合计应为 100%。以上述男教师为例(产能营养素的能量比取值为:蛋白质 15%,脂肪 25%,碳水化合物 60%,三者相加为 100%)。

(1)膳食中蛋白质需要量(g) = 全日能量参考摄入量(kcal)×蛋白质占总能量比例(15%)÷蛋白质的产能系数 4(kcal/g) = 2100×15%÷4 = 79(g)。

（2）膳食中脂肪需要量（g）＝全日能量参考摄入量（kcal）×脂肪占总能量比例（25%）÷脂肪的产能系数9（kcal/g）＝2100×25%÷9＝58（g）

（3）膳食中碳水化合物参考摄入量（g）＝全日能量参考摄入量（kcal）×碳水化合物占总能量比重（58%）÷碳水化合物的产能系数4（kcal/g）＝2100×60%÷4＝315（g）。

（三）确定矿物质和维生素目标

根据年龄、性别和生理情况直接查《中国居民膳食营养素摄入量（DRIs）2013》表，得到各种矿物质和维生素RNI或AI值，即为矿物质和维生素供给目标。例如，上述男教师的需要量为：钙800mg，铁15mg，锌15mg，维生素A 800μgRE，维生素D 5μg，维生素B_1 1.4mg，维生素B_2 1.4mg。

二、确定食物种类

（一）食物类别及其营养特点

1. 谷类及薯类

该类食物主要含有大量的碳水化合物，也含有蛋白质、少量脂肪、矿物质和B族维生素。谷类食物是我国居民膳食中的主食，主要的能量来源。谷类所含蛋白质的氨基酸组成中人体必需的赖氨酸和苏氨酸含量较欠缺，因此质量不高。同时谷类是膳食中B族维生素的重要来源，如维生素B_1、维生素B_2、烟酸、泛酸、吡哆醇等，主要分布在糊粉层和谷胚中。因此，谷类加工越细，上述维生素和膳食纤维的损失就越多。

2. 动物性食物

该类食物包括肉、奶、蛋、水产，主要含蛋白质，也含有脂肪、矿物质、维生素A和B族维生素等。动物性食物是人体优质蛋白、脂类、脂溶性维生素、B族维生素和矿物质的主要来源。

（1）畜禽肉。畜禽肉的蛋白质为完全蛋白质，含有人体必需的各种氨基酸，属于优质蛋白质。心、肝、肾等内脏器官的蛋白质含量较高，而脂肪含量较少。

畜肉脂肪组成以饱和脂肪酸为主，主要由硬脂酸、棕榈酸和油酸等组成。禽肉脂肪含有较多的亚油酸，易于消化吸收。胆固醇含量在瘦肉中较低，肥肉中比瘦肉中高90%左右，内脏中更高。动物脂肪的营养价值低于植物油脂。在动物脂肪中，禽类脂肪的营养价值高于畜类脂肪。瘦肉中矿物质的含量高于肥肉，内脏高于瘦肉。肝脏和血液是铁的最佳膳食来源。畜禽肉可提供多种维生素，主要以B族维生素和维生素A为主。

（2）蛋类。蛋类的营养素含量丰富，而且质量好，是一类营养价值较高的食品。其蛋白质氨基酸组成与人体需要最接近,蛋白质中赖氨酸和蛋氨酸含量较高,和谷类和豆类食物混合食用,可弥补其赖氨酸或蛋氨酸的不足。蛋清中含脂肪极少,98%的脂肪存在于蛋黄中,消化吸收率也高。蛋黄是磷脂的极好来源,所含卵磷脂具有降低血胆固醇的效果,并能促进脂溶性维生素的吸收;但蛋黄中胆固醇含量极高,矿物质含量也高。蛋中维生素含量十分丰富,且品种较为齐全,包括所有的 B 族维生素、维生素 A、维生素 D、维生素 E、维生素 K 和微量的维生素 C,其中绝大部分的维生素 A、维生素 D、维生素 E 和维生素 B_1 都存在于蛋黄中。

(3)水产。水产类食物的优质蛋白质含量丰富,含有较多的游离氨基酸、肽、胺类、胍、季铵类化合物、嘌呤类和脲等含氮化合物。脂肪多由不饱和脂肪酸组成,ω-3 不饱和脂肪酸存在于鱼油中,主要是二十碳五烯酸(EPA)和二十二碳六烯酸(DHA)。鱼类的矿物质含量丰富,其中锌含量极为丰富,海产鱼类富含碘。鱼油和鱼肝油是维生素 A 和维生素 D 的重要来源。

(4)乳类。乳类及其制品几乎含有人体需要的所有营养素。除维生素 C 含量较低外,其他营养素含量都比较丰富。牛乳蛋白质为优质蛋白质,容易被人体消化吸收。乳中脂肪是脂溶性维生素的载体。乳类所含碳水化合物的主要形式为乳糖,含量低于人乳。牛乳为弱碱性食品,是膳食中最好的天然钙来源,也是 B 族维生素的良好来源,特别是维生素 B_2。

3. 大豆及其他豆制品

该类食物含有优质蛋白质、脂肪、膳食纤维。

大豆含丰富的优质蛋白质、必需脂肪酸、多种维生素和膳食纤维,且含有磷脂、低聚糖,以及异黄酮、植物固醇等多种植物化学物质。

4. 蔬菜、水果类

该类食物主要提供膳食纤维、矿物质、维生素 C 和胡萝卜素以及植物化学物质。

(1)蔬菜。蔬菜按其结构及可食部分不同,可分为叶菜类、根茎类、瓜茄类和鲜豆类,所含的营养成分因其种类不同,差异较大。叶菜类是胡萝卜素、维生素 B_2、维生素 C 和矿物质及膳食纤维的良好来源。绿叶蔬菜和橙色蔬菜的营养素含量较为丰富,特别是胡萝卜素的含量较高,蔬菜在体内的最终代谢产物呈碱性。

(2)水果。水果类可分为鲜果、干果、坚果和野果。水果与蔬菜一样,主要提供维生素、矿物质、膳食纤维和植物化学物质。不同的是鲜果可以生吃,维生素不被破坏。坚果为低水分含量和高能量食物,富含不饱和脂肪酸和必需脂肪酸,是优质的植物性脂肪。

5. 纯能量食物

该类食物包括食用油、糖等，主要提供能量。脂肪是人体能量的重要来源之一，并可提供必需脂肪酸，有利于脂溶性维生素的消化、吸收。

（二）食物选择

《中国居民膳食指南》是根据我国居民的膳食结构特点提出来的，营养配餐应根据确定的膳食营养需要和《中国居民膳食指南》的要求，选择相应的食物来源。

（1）食物品种要多样化。在五大类食品中，每类选择多种食品，每天最好选择20种以上的食物原料，以保证营养素的需要。

（2）粮食类食物最好2种以上。不要长期食用精细的大米，适量食用粗粮和杂粮。

（3）选择适当比例的动物性食品和豆类食品，以增加优质蛋白（应占总蛋白供给的1/3~1/2），其中动物性蛋白应占优质蛋白的1/2以上。每周最好食用50g的动物内脏，特别是肝脏，以保证维生素A的供给。

（4）蔬菜的品种要多样化，深色蔬菜、叶类蔬菜要占1/2以上，并有一定量的生食蔬菜和1~2种水果补充。每周最好有50g菌藻类食物和200g坚果类食物，以增加矿物质和维生素。

（5）注意清淡少油。由于我国居民饮食习惯中油脂和盐的摄入较多，因此应控制油脂和盐的供给。选择25g左右的优质植物油，以保证必需脂肪酸的供给，控制动物脂肪的摄入量。盐的用量尽量减少，最好每人每日在6g以下。

（6）鼓励增加奶类和豆类的消费。由于我国居民饮食结构中奶类和豆类摄入较少，因此每天应有乳与乳制品和豆与豆制品的供给。

（三）确定一天的食物供给量

1. 根据平衡膳食宝塔来确定食物类别的量

每天可根据平衡膳食宝塔来确定各类食物的量（表5-3）。

表5-3　根据平衡膳食宝塔来确定各类食物的量

能量水平	6700kJ (1600kcal)	7550kJ (1800kcal)	8350kJ (2000kcal)	9200kJ (2200kcal)	10050kJ (2400kcal)	10900kJ (2400kcal)	11700kJ (2800kcal)
谷类/g	225	250	300	300	350	400	450
大豆类/g	30	30	40	40	40	50	50
蔬菜/g	300	300	350	400	450	500	500
水果/g	200	200	300	300	400	400	500

续表

能量水平	6700kJ (1600kcal)	7550kJ (1800kcal)	8350kJ (2000kcal)	9200kJ (2200kcal)	10050kJ (2400kcal)	10900kJ (2400kcal)	11700kJ (2800kcal)
肉类/g	50	50	50	75	75	75	75
乳类/g	300	300	300	300	300	300	300
蛋类/g	25	25	25	50	50	50	50
水产类/g	50	50	75	75	75	100	100
烹调油/g	20	25	25	25	30	30	30
食盐/g	6	6	6	6	6	6	6

（资料来源于《中国居民膳食指南》）

以上述男教师为例,按2100kcal的能量水平,可取2000kcal和2200kcal的平均数,即谷类300g、大豆类40g、蔬菜375g、水果300g、肉类63g、乳类300g、蛋类38g、水产类75g、烹调油25g、食盐6g。

2. 根据类别确定食物的品种和量

食物的品种和数量要考虑季节、当地市场、用餐者的饮食习惯和经济能力,在上述食品类别中选择具体品种和量,如菠菜250g、包菜175g。

第三节　食谱编制

"食谱"一词通常有两种含义:一种泛指食物调配与烹饪方法的汇总,如有关书籍中介绍的食物调配与烹饪方法、餐馆的常用菜单等都可称为食谱;另一种则专指膳食调配计划,即每日每餐主食和菜肴的名称与数量。

常用菜单是指根据实际条件和营养要求制定出的可供选用的各种饭菜,它具有相对的集成性、稳定性、可行性,可作为制定营养食谱的预选内容,即营养食谱的基础。

食谱编制的方法有两种:一种是营养计算方法,另一种是食物交换份的方法。实际工作中可综合应用这两种方法,先采用计算法得到一天三餐(或四餐)的食谱,再采用交换份法排出一周的食谱。从操作的角度,也可分为手工计算和计算机软件配餐两种。采用计算机配餐专业软件可以全面提高配餐工作效率。

一、用计算法制定一天食谱

从第二节已得到三种能量营养素的需要量和基本的食物种类,根据食物成分表就可以确定主食和副食的品种和数量。

（一）全天主食品种、数量的确定

由于粮谷类是碳水化合物的主要来源，因此主食的品种、数量主要根据各类主食原料中碳水化合物的含量确定。主食的品种主要根据用餐者的饮食习惯来确定，北方人习惯以面食为主，南方人则以大米为主食。

以第二节所述男教师为例，根据上一步的计算结果，膳食中蛋白质需要量79g，脂肪需要量58g，碳水化合物315g。查食物成分表得知，每100g大米（标一）含碳水化合物76.8g，每100g小麦粉（特二粉）含碳水化合物74.3g。则该教师所需大米量 = 315g × 20% ÷（76.8/100）= 82g，所需小麦粉量 = 315g × 80% ÷（74.3/100）= 340g。

（二）全天副食蛋白质需要量的确定

根据三种产能营养素的需要量，首先确定主食的品种和数量，接下来就需要考虑蛋白质的食物来源。蛋白质广泛存在于动植物性食物中，除了谷类食物能提供的蛋白质，各类动物性食物和豆制品是优质蛋白质的主要来源。因此，副食品种和数量的确定应在已确定主食用量的基础上，依据副食应提供的蛋白质质量来确定。

（1）计算主食中含有的蛋白质质量。

（2）用应摄入的蛋白质质量减去主食中的蛋白质质量，即为副食应提供的蛋白质质量。

（3）设定副食中蛋白质的3/4由动物性食物供给，1/4由豆制品供给，据此可求出各自的蛋白质供给量。

（4）查表并计算各类动物性食物及豆制品的供给量。

仍以上述教师的计算结果为例：

由食物成分表得知，100g特二粉含蛋白质10.4g，100g大米含蛋白质7.7g，则主食中蛋白质含量 = 82g ×（7.7/100）+ 340g ×（10.4/100）≈ 42g，副食中蛋白质含量 = 79g − 42g = 37g。

（三）副食品种、数量的确定

1. 确定富含蛋白质副食品的量

假设选择的动物性食物和豆制品分别为猪肉（里脊）、鸡蛋（60g）、牛奶（250mL）、豆腐（北）。由食物成分表得知，每100g食物中蛋白质的含量如下：猪肉（里脊）20.2g，鸡蛋12.8g，牛奶3.0g，豆腐（北）12.2g。

设定副食中蛋白质的3/4由动物性食物供给，1/4由豆制品供给，因此，动物性食物应含蛋白质质量 = 37g × 75% ≈ 28g，豆制品应含蛋白质质量 = 37g × 25% ≈ 9g。

则猪肉（里脊）质量 =（28g − 60g 鸡蛋的蛋白质含量 − 250mL 牛奶的蛋白

质含量)÷(20.2/100)=[28g−60×(12.8/100)−250×(3/100)]÷(20.2/100)≈63g;豆制品质量=9÷(12.2/100)≈74g。

确定了动物性食物和豆制品的质量,就可以保证蛋白质的摄入。下一步就是选择蔬菜的品种和数量。

2. 设计蔬菜的品种和数量

蔬菜的品种和数量可根据不同季节市场的蔬菜供应情况,以及考虑与动物性食物和豆制品配菜的需要来确定。叶菜类应占一半以上。例如,选择西芹、油菜、青椒等450g,水果200~300g。

3. 确定烹调用油量

烹调用油应以植物油为主,可有一定量动物脂肪摄入。根据食物成分表可知每日摄入各类食物所提供的脂肪含量,将需要的脂肪总量减去食物所提供的脂肪量,即为每日植物油供应量。

查食物成分表得知,每100g食物中脂肪的含量如下:猪肉(里脊)7.9g,鸡蛋1.1g,牛奶3.2g,豆腐(北)4.8g,大米0.6g,小麦粉(特二粉)1.1g。

植物油=58−63×7.9%−60×1.1%−250×3.2%−74×4.8%−82×0.6%−340×1.1%≈36(g)

(四)编制一日食谱

上述一天的主副食数量在相应的食物类别中组成一日食谱,并按照一定比例(如30%、40%、30%的三餐供能比例)分配到三餐中,并加入烹调方法(表5-4、表5-5)。

表5-4 一日食谱举例

餐次	食物名称	原料名称	食物质量/g
早餐	大米稀饭	大米(标一)	57
	面包	面粉(特一)	100
	卤鸡蛋	鸡蛋	60
	牛奶		250mL
中餐	馒头	面粉(特一)	125
	西芹炒肉	西芹	150
		猪肉	63
	蒜蓉油菜	油菜	150
	花生油		15

续表

餐次	食物名称	原料名称	食物质量/g
晚餐	稀饭	大米（标一）	25
	馒头	面粉（特一）	115
	白菜炖豆腐	白菜	200
		豆腐	74
	凉拌青椒	青椒	150
	花生油		10
	香油		5

表5-5　一日食谱所提供的营养素量

食物名称	食物量/g	能量/kcal	蛋白质/g	脂肪/g	碳水化合物/g
大米（标一）	82	281.3	6.3	0.5	63
小麦粉（特一）	340	1190	35	3.7	253.6
大白菜	166	24.9	2.3	0.2	3.5
芹菜（茎）	134	26.8	1.6	0.3	4.4
油菜	131	30.1	2.4	0.7	3.5
青椒	123	27.1	1.2	0.2	4.9
猪肉（瘦）	54	77.2	11	3.3	0.8
牛乳	250	135	7.5	8	8.5
鸡蛋	60	93.6	7.7	6.7	0.8
食用油	30	269.7	0	30	0
食盐	6	0	0	0	0
合计	—	2155.7	75	53.6	343

编制食谱时注意配餐中的口味、风味调配和烹调方法。

（五）烹调与营养素保护

烹饪是人类为满足生理和心理需求，将可食性的物质原料，运用适当的方法加工成菜肴、主食和小吃成品的活动。烹调是将经过加工处理的烹饪原料用加热和加入调味品的方法，制成菜肴的一门技术。烹饪则指制作菜点的全部过程。烹饪的作用是杀菌消毒、使生变熟、促进营养成分分解，并调解色泽、调剂汁液、增加美感、调和滋味，以促进食欲。烹调方法基本上可归纳为水熟法(汆、熬、烩、焖、炖、煨、煮)、油熟法(炸、炒、爆、熘、烹、煎)、气熟法(蒸)和特殊熟法(烤、盐焗、泥烤、蜜汁、拔丝)四大类。

食物的营养成分在烹调时遭到损失是不能完全避免的,但如采取以下保护性措施,则能使菜肴保存更多的营养素。

1. 先洗后切

各种菜肴原料,尤其是蔬菜,应先清洗,再切配,这样能减少水溶性原料的损失。而且应该现切现烹,这样能使营养素少受氧化而损失。

2. 急炒

菜要做熟,加热时间要短,烹调时尽量采用旺火急炒的方法。因原料通过明火急炒,能缩短菜肴成熟时间,从而降低营养素的损失率。据统计,将猪肉切成丝,用旺火急炒,其维生素 B_1 的损失率只有13%;而切成块后用慢火炖,维生素损失率则达65%。

3. 加醋忌碱

由于维生素具有怕碱不怕酸的特性,因此在菜肴中尽可能放点醋,即使是烹调动物性原料,醋也能使原料中的钙被溶解得多一些,从而促进钙的吸收。碱能破坏蛋白质、维生素等多种营养素。因此,在焯菜、制面食或欲致原料酥烂时,最好避免用纯碱(苏打)。

4. 上浆挂糊

原料先用淀粉和鸡蛋上浆挂糊,不仅可使原料中的水分和营养素不致大量溢出,减少损失,而且不会因高温使蛋白质变性、维生素被大量分解而破坏。

5. 勾芡

勾芡能使汤料混为一体,使浸出的一些成分连同菜肴一同摄入。

二、一周食谱的编制

一日食谱是指将一天要吃的所有食物按食用时间、品种、数量、食物的搭配和烹调方法等排列而成。将7天的食谱按时间顺序排列在一起就构成了一周食谱。通过计算法编制一日食谱后,其余6天的食谱就不必再用计算法进行编制,可以采用食物交换份法完成其余6天的食谱编制。

(一) 食物交换

食物交换份法是常用的食谱编制方法,它是将已计算好的、所含营养素类似的同类中的常用食品进行互换,灵活地组织营养平衡的餐食配餐方法。其特点是简单、实用、易于操作。

首先根据所含类似营养素的含量把常见食物归为以下五类:① 含碳水化合物较丰富的谷薯类食物;② 含维生素、矿物质、膳食纤维丰富的蔬菜和水果类;③ 含优质蛋白质丰富的肉、鱼、乳、蛋;④ 豆及豆制品类;⑤ 含能量丰富的油脂、纯糖和坚果类食物。然后列出各类食物每个交换份的质量及能量(该能量由每个交换份特定食物所含三大产能营养素的数量查知),以及所含营养素的主要量;再按类列出各种食物每个交换份的量;最后列出共交换各类食物使用的交换份数和实际食品的量(表5-6),供编制食谱、配餐时选用。

表5-6 各类食物的每单位食物交换量表

分类	食物名称	食物量/g	每份提供
谷、薯类	面粉、大米、玉米面、小米、高粱、挂面 面包 干粉丝(皮、条) 土豆(食部) 凉粉	50 75 40 250 750	能量756kJ(180kcal), 蛋白质4g, 碳水化合物38g。
肉	瘦猪肉、瘦羊肉、瘦牛肉、禽、鱼虾 鸡蛋(约8个500g) 肥瘦猪肉、肥瘦羊肉、肥瘦牛肉 酸奶 牛奶 牛奶粉	50 1个 25 200 250 30	能量378kJ(90kcal), 蛋白质10g, 脂肪5g, 碳水化合物2g。
蔬菜类 (食部)	大白菜、油菜、圆白菜、韭菜、菠菜等 芹菜、莴笋、雪里蕻(鲜)、空心菜等 西葫芦、西红柿、茄子、苦瓜、冬瓜、南瓜等 菜花、绿豆芽、茭白、蘑菇(鲜)等 柿子椒、倭瓜、萝卜、水浸海带 鲜豇豆 蒜苗	500~750 500~750 500~750 500~750 350 250 200	能量336kJ(80kcal), 蛋白质5g, 碳水化合物15g。
水果类	李子、葡萄、香蕉、苹果、桃、橙子、橘子等	200~250	
豆及 豆制品	豆浆 豆腐(南) 豆腐(北) 油豆腐 豆腐干、熏干、豆腐丝 腐竹 千张 豆腐皮	125 70 42 20 25 5 14 10	能量188kJ(45kcal), 蛋白质5g, 脂肪1.5g, 碳水化合物3g。
油脂类	菜籽油、豆油、花生油、棉籽油、芝麻油 牛油、羊油、猪油(未炼)	5 5	能量188kJ(45kcal), 脂肪5g。

一周食物的供给原则是：主食粗细搭配,菜肴品种多样,餐餐有荤,顿顿有绿,平衡膳食,勤调配。在一周的食物供应中,应先注意每天各餐的均衡分配,并适度调节。在各天之间要保持食物、营养与价格的分配保持相对平衡。

（二）编制一周食谱

经计算法得到某男性职工一日食谱与经交换份法得到的第二日食谱及通过食物同类互换得到的一周食谱如表5-7、表5-8所示。

表5-7　采用计算法得到的某男性职工一日食谱与
经交换份法得到的第二日食谱

餐次	第一日			第二日		
	食物名称	原料及量/g	能量/kcal	食物名称	原料及量/g	能量/kcal
早餐	面包	面粉100	350	糖三角	面粉100	350
	大米粥	大米25	11.5		红糖10	39
	牛奶	牛奶250	135	高粱米粥	高粱米15	53
	白糖	白糖10	40	煎鸡蛋	鸡蛋50	90
				咸花生米	花生米15	84
午餐	饺子	白菜300	51	酱肉丝	瘦猪肉50	143
		瘦猪肉50	143		植物油5	45
		植物油7	63	炒菠菜	菠菜250	50
		面粉200	750		植物油5	45
	炝芹菜	芹菜200	40	米饭	大米200	689
		植物油7	63			
加餐	小米粥	小米25	89			
	苹果	苹果200	90	梨	梨200	90
晚餐	鸡蛋	鸡蛋120	187	大白菜炖豆腐	大白菜250	60
	炒莴笋	莴笋50	9.5		豆腐50	70
		植物油11	99		植物油10	90
	米饭	大米150	514.5	烙饼	面粉100	350
				大米粥	大米25	11.5
合计			2635.5			2259.5

表5-8　通过食物同类互换(以一日食谱为模本)设计出的一周食谱

	一	二	三	四	五	六	七
早餐	牛奶	牛奶	豆浆	牛奶	牛奶	牛奶	燕麦粥
	茶蛋	咸鸭蛋	白煮蛋	卤鸡蛋	五香蛋	鸡蛋	咸鸭蛋
	面包	金银卷	油饼	麻酱花卷	芝麻烧饼	豆沙包	馒头
	拌海带	青椒拌豆干丝	酸辣黄瓜	拌大头菜	西芹花生米	清烩笋条	拌香干
午餐	米饭	米饭	馒头	米饭	花卷	米饭	米饭
	肉片烩蘑菇	清蒸武昌鱼	土豆烧牛肉	红烧翅根	青椒炒肉	红烧带鱼	清氽肉圆
	松仁玉米	素三丁	蒜蓉苦瓜	香菇油菜	醋熘白菜	蒜蓉茼蒿	醋熘土豆丝
	海米冬瓜汤	紫菜汤	虾皮白菜汤	鸡蛋玉米羹	菠菜汤	虾皮萝卜丝汤	番茄蛋汤
晚餐	馒头	米饭	馒头	烙饼	米饭	馒头	芝麻火烧
	二米粥	白米粥	杂豆粥	绿豆粥	赤豆粥	八宝粥	小米粥
	白萝卜炖排骨	蒜蓉菠菜	百合西芹	麻婆豆腐	虾仁黄瓜	西红柿炒蛋	鱼香肉丝
	小白菜炒粉丝	扁豆肉片	青椒肉片	清炒大头菜	红烧茄子	蒜蓉西兰花	清炒芦笋

集体用餐食谱可以在原有成熟菜单的基础上调整和编制营养食谱。

第四节　食谱的评价与调整

一、食谱的评价

根据以上步骤设计出营养食谱后,不管是个体还是群体的食谱,都应该对其进行评价,确定编制的食谱是否科学、合理。应参照食物成分表初步核算该食谱所提供的能量和各种营养素的含量,与DRIs进行比较,如果相差在±10%,可认为合乎要求,否则就要增减或更换食品的种类或数量。值得注意的是,制定食谱时,不必严格要求每份营养餐食谱的能量和各类营养素均与DRIs保持一致。一般情况下,每天的能量、蛋白质、脂肪和碳水化合物的量出入不应该很大,其他营养素以一周为单位计算,平均满足营养需要即可,允许在±10%的范围内变化。

（一）评价内容

根据食谱的制定原则,食谱的评价应该包括以下几个方面:

(1) 食谱中所含五大类食物是否齐全,是否做到了食物种类多样化。

(2) 各类食物的量是否充足。

(3) 全天能量和营养素的摄入是否适宜。

(4) 三餐能量摄入分配是否合理,早餐是否保证了能量和蛋白质的供应。

(5) 优质蛋白质占总蛋白质的比例是否恰当。

(6) 三种产能营养素(蛋白质、脂肪、碳水化合物)的供能比例是否适宜。

（二）评价步骤

(1) 首先按类别将食物归类排序,并列出每种食物的数量,看食物种类是否齐全。

(2) 从食物成分表中查出每100g食物所含营养素的量,算出每种食物所含能量和营养素的量。计算公式为:食物中某营养素含量 = 食物量(g) × 可食部分比例 ×100g 食物中营养素含量/100。

(3) 将所用食物中的各种营养素分别累计相加,计算出一日食谱中三种能量营养素及其他营养素的量。

(4) 将计算结果与中国营养学会制定的《中国居民膳食中营养素参考摄入量(DRIs)》中同年龄同性别人群的水平比较,进行评价。

(5) 根据蛋白质、脂肪、碳水化合物的能量折算系数,分别计算出蛋白质、脂肪、碳水化合物三种营养素提供的能量及占总能量的比例。

(6) 计算出动物性及豆类蛋白质占总蛋白质的比例。

(7) 计算三餐提供能量的比例。

二、食谱调整

通过以上食谱的评价,可发现食谱中存在的问题,从而对食谱进行调整。同时根据个人年龄、性别、身高、体重、劳动强度及季节等情况也要适当调整。从事轻体力劳动的成年男子(如办公室职员等)可参照中等能量膳食来安排自己的进食量;从事中等以上强度体力劳动者(如一般农田劳动者)可参照高能量膳食进行安排;不参加劳动的老年人可参照低能量膳食来安排。女性一般比男性的食量小,因为女性体重较轻,且身体构成与男性不同,所以女性需要的能量往往比从事同等劳动强度的男性至少低200kcal。一般来说,人们的进食量可自动调节,当一个人的食欲得到满足时,他对能量的需要也会得到满足。

食谱的调整关键在于熟悉和掌握富含某种营养素的食物。

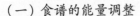

（一）食谱的能量调整

食谱中的能量主要来源于粮谷类食物,不管调高还是调低食谱中的能量,应首先考虑调整粮谷类食物,其次考虑调整油脂或含脂高的食物。

1. 调整数量

数量的加减可直接影响能量的增减,这是最简便的办法。

2. 调整食物品种

各种粮谷类食物能量不同,如馒头和烙饼的能量分别为 209kcal/100g、255kcal/100g。

3. 调整水分

如米饭和稀饭的能量差别有 2~3 倍。

4. 烹调方法和用油量

炸鸡腿和油条均比煮鸡腿、煮面条多了大量油脂。

（二）能量-价格调整

1. 物价-营养指数

物价-营养指数是指单位金额(1 元人民币)可以购得的单位重量(可按千克计)食物中营养物质的量。这里的营养物质指三大营养素,用能量表示。采用物价-营养指数来说明食物价格与营养的关系。食物的营养价值是指其营养素能满足人体需要的程度。食物种类很多,营养素组成千差万别。除个别食物如母乳外,食物的营养价值都是相对的,并不是价高就物美。

2. 价格和可食用部分

采购来的食物并不都是可食用的,如鸡肉的蛋白质含量超过肥瘦猪肉和牛肉,但这是指纯鸡肉,实际上整鸡的可食用部分只有 66%,市品肉鸡的蛋白质含量就下降 7%。若鸡肉单价超过猪肉或牛肉,选用则不太经济;即使价格持平,单位价格内的牛肉蛋白质含量也要比鸡肉高。鲜春笋的可食用部分仅为 30%,可食用部分价格相当于市品价格的 2 倍。因此,在考虑食物的营养价值和价格的同时,必须注意可食用部分的比例,并作为选择食物的重要因素。

3. 价格和加工食品

工业化食品、进口食品一般价格高,但并不说明其营养价值也高。由于食品在进行深加工时有些营养成分会受到损失(除非在加工过程中再添加营养物质),成本也有所提高。进口产品的价格中含有关税,所以较昂贵。选择食物,除了考虑物价-营养指数外,还要利用食物的产地差价、批零差价、季节差价和成品差价。在膳食调配过程中,应首先从保证营养平衡、合理的原则出发,兼顾饭菜适口、食物多样与用量适宜,并讲求经济合理,消费水平必须在就餐人员经济承受能力范围之内。

4. 食品的营养质量指数(INQ)

INQ = 某营养素密度/能量密度 = (某营养素含量/该营养素供给量)/(食物所产能量/供给量)

INQ = 1.0,表示食物该营养素与能量对人的营养需要达到平衡。

INQ > 1.0,表示食物该营养素供给量高于能量供给,被认为是营养价值高的食品。

INQ < 1.0,表示长期食用该食物可能发生该营养素不足或能量过剩。

或摄入相当于1000kcal、2000kcal 和 2000kcal 以上热能方能满足人体对营养素的需要者,分别称该食品为优质、良质和一般食品。

[例]饮食单位提供两份不同价格的早餐(表5-9),某成年男子要求花费2~3元,但又担心不能保证营养需求,请对两份早餐做营养评价。

表5-9　两份不同价格的早餐

早餐一			早餐二		
名称	数量/g	价格/元	名称	数量/g	价格/元
面包	100	2	馒头	100	0.5
火腿	100	3	鸡蛋	60	0.5
豆浆	250mL	1	牛奶	225mL	1.5
橙子	100	1	苹果	100	0.5
合计		7	合计		3
总能量/kcal	546.5			593.7	
能量-价格比	78			198	

显然,早餐二的能量-价格比较高,较为经济、合理,主要与鸡蛋、牛奶的物价-营养指数、营养质量指数(INQ)高有关。

(三)食谱中的脂肪调整

食谱中的脂肪调整包括调整食品类别、减少烹调用油、改变烹调方法。减少油脂的重点是调整烹调方法。例如,炸散鸡蛋改为煮鸡蛋可减少 21.5g 脂肪。表5-10 反映出餐馆大多数菜肴的油脂含量较高。

表 5-10　餐馆各种菜肴的脂肪含量比较

菜肴	能量/kcal	脂肪含量		
		高(≥30克/份)	中(10~30克/份)	低(≤10克/份)
豆瓣鱼块	663	44.1		
松仁玉米	752	64.4		6.9
油焖大虾	110			
宫爆虾球	300	65.8		
炸散鸡蛋	265	30.3		
鱼香肉丝	506	65.1		
宫保鸡丁	542	45.9		
鸡汁干脆面	505		19.2	
八宝粥	81			4.4

　　表 5-11 显示食谱调整前后脂肪减少,重点是去除油炸食品,又增加了蔬菜。

表 5-11　脂肪调整前后的一日食谱

调整前	调整后
早餐:蛋糕 50g、炸鸡蛋(鸡蛋 50g、植物油 40mL)。 加餐:牛奶 200mL、饼干 15g。	早餐:花卷 50g、五香鸡蛋(鸡蛋 50g)、拌黄瓜丝(黄瓜 50g、香油 3mL)。 加餐:牛奶 200mL、饼干 15g。
午餐:米饭 75g、排骨炖土豆(排骨 100g、土豆 150g)、植物油 10mL。 加餐:猕猴桃 80g、面包 50g。	午餐:米饭 75g、排骨炖土豆(排骨 50g、土豆 75g)、炒小白菜 75g、植物油 5mL。 加餐:猕猴桃 80g、面包 50g。
晚餐:馒头(特一粉 75g)、红烧五花肉 75g、番茄炒菜花(番茄 50g、菜花 100g)、植物油 12mL。	晚餐:馒头(特一粉 75g)、红烧鸡翅 50g、番茄炒菜花(番茄 50g、菜花 100g)、植物油 10mL。
脂肪 94.4g,占总能量的 41.2%。	脂肪 55.1g,占总能量的 29.9%。

（四）蛋白质调整

　　蛋白质调整主要是调整优质蛋白的比例以及膳食蛋白质的互补。表 5-12 原食谱中蛋白质含量少,特别是优质蛋白质含量少,调整时重点增加了猪肝和豆制品。

表5-12　某5岁男童一日食谱的蛋白质调整

原食谱	调整后
早餐:面包50g、稀饭(粳米50g)。 加餐:牛奶200mL,饼干15g。 午餐:西红柿鸡蛋面条(西红柿50g、鸡蛋30g)、植物油10mL。 加餐:香蕉80g、蛋糕40g。 晚餐:馒头(特一粉80g)、红烧山药75g、醋熘土豆丝50g、植物油10mL。 蛋白质摄入量43.6g,占全日总能量的10.9%	早餐:面包50g、卤猪肝25g、红豆米粥(红豆15g、粳米50g)、拌莴苣丝30g。 加餐:牛奶200g、饼干15g。 午餐:面条(面条70g)、西红柿内酯豆腐炒蛋(西红柿150g、内酯豆腐50g、鸡蛋30g)、植物油12mL。 加餐:香蕉80g、蛋糕40g。 晚餐:馒头(特一粉70g)、肉片烧山药(瘦肉50g、山药75g、白糖5g)、蒜蓉油麦菜75g、植物油12mL。 蛋白质摄入量59.1g,占全日总能量的14.4%

（五）三餐能量比例的调整

通过评价发现,三餐能量比例失衡,应进行调整。如学龄前儿童食谱中三餐能量比应为20.7%、45.2%、34.1%。经计算,总能量只有1500kcal,不到目标值(1600kcal)。早餐能量不够,最简单的办法就是中餐、晚餐不变,直接增加食物到早餐和加餐中。如果总能量超过1600kcal,就要减少中餐和晚餐的食物量。

（六）食谱美味调整

1. 味觉和味阈值

酸、甜、苦、辣、咸五味中只有酸、甜、苦、咸是基本味(表5-13),辛(辣)味实际上是触觉。味的强度与温度及水含量有关,最能刺激味觉的温度是10℃~40℃,30℃最敏感。温度过低时味觉迟钝。只有溶解于水的呈味物质才有味觉。鲜味是氨基酸、肽、蛋白质、核苷酸的信息,不是基本味。谷氨酸钠在常温下0.03%就能被人的舌头感觉到,并只有在食盐存在时才呈现,在高温、无盐或碱性条件下无增鲜效果。肌苷酸存在于香菇、酵母等菌类中,鸟苷酸存在于肉类中,琥珀酸除酸味外也有增鲜作用,这与酱油、贝类的鲜味有关。

表5-13　四种基础味的呈味物质、阈值及心理感受比较

呈味物质	味道	阈值	心理感受
蔗糖	甜	0.5%	愉快
食盐	咸	0.25%	低浓度愉快,高浓度不愉快
盐酸	酸	0.007%	
硫酸奎宁	苦	0.0016%	不愉快

（资料来源于《公共营养师职业资格培训教程》）

2. 食谱美味调整

食物经过烹饪加工后组织结构发生变化,胶原蛋白水解,细胞软化,无机盐、维生素溶出,提高了食品的品质,产生了美味。

美味评价主要依靠经验和个人习惯,其要素是颜色、气味、口感。对食谱的要求是既改善风味,同时又提高营养价值(表5-14)。

表5-14 美味调整前后的食谱对比

原食谱	项目	不当之处	调整后的食谱
原味炒牛肉、焖土豆、蛋炒饭、苹果酱、茶。	颜色——单一;气味——腥味;口感——腻。	牛肉纤维粗,有腥膻味,原味不妥;缺少蔬菜和色彩;整个膳食偏腻,果酱加重口味的甜和油腻。	红烧牛肉、蒜蓉菠菜、蛋炒饭、苹果、茶。

三、食谱的总结、归档管理

编制好食谱后,应该将食谱进行归档保存,并及时收集用餐者及厨师的反馈意见,总结食谱编制经验,以便今后不断改进。随着计算机技术的发展,营养食谱的确定和评价也可以通过计算机实现(图5-1)。目前出现了许多膳食营养管理系统软件,市场种类较多。一般膳食营养(配餐)管理系统软件都具有如下功能:

(1)输入功能:选择食物原料,录入食物原料或菜肴和数量,编制食谱,建立数据库,保存。

(2)分析功能:可自动计算食谱的食物量和营养素量以及能量、蛋白质、脂肪的食物来源等,有助于实施调整食谱的功能。

(3)输出功能:根据需要输出、打印不同格式的食谱,食谱与DRI和平衡膳食宝塔对比后进行自动评价,分析膳食的食物结构,也可以对食谱进行综合评分、问题提示等。有的图表显示更直观。

(4)查询统计功能:可对食物、菜肴、食谱进行查询与统计。

(5)维护功能。

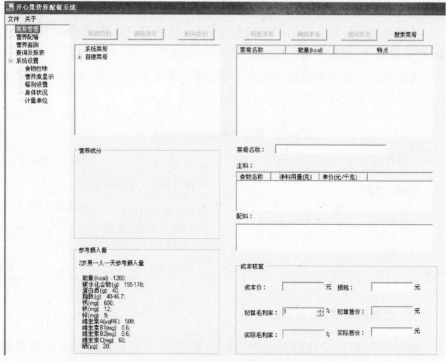

图 5-1 营养食谱的计算机管理系统

使用者只要掌握基本的电脑操作技能,就可以方便、快捷地确定营养食谱;食谱编制的计算机化使营养配餐和食谱编制变得轻松、简便,与手工编制食谱的比较如表 5-15 所示。

表 5-15 食谱的手工编制与计算机编制比较

手工编制步骤	计算机编制步骤
① 确定能量供给量标准; ② 将能量转变为营养素供给量; ③ 根据碳水化合物的供给量计算出主食供给量; ④ 根据主食提供的蛋白质计算出副食应提供蛋白质的量; ⑤ 将蛋白质量分解为动物性食品和豆类食品应提供的蛋白质的量; ⑥ 分别计算出动物性食品和豆类的供给量; ⑦ 配齐蔬菜水果的数量; ⑧ 根据脂肪的量计算出烹饪油的量; ⑨ 提出盐的用量; ⑩ 对食谱进行营养计算、评价; ⑪ 调整食物量或品种; ⑫ 列出食谱,注明烹饪和食品安全要求。	① 确定能量供给量标准; ② 根据膳食指南选择五类食物品种和量,或选择菜肴; ③ 自动计算营养素和评价; ④ 调整食物量或品种; ⑤ 输出食谱(注明烹饪油、盐的用量,注明烹饪和食品安全要求); ⑥ 输出营养分析报表,打印出食物用料单。

下 篇

社区食品安全篇

第六章

食品安全基础知识

第一节　食品安全

国以民为本,民以食为天,食以安为先。食品是人类社会赖以生存和发展的最基本的物质条件,食品安全状况不仅直接关系到广大人民群众的身体健康和生命安全,还关系到国家社会的稳定和发展。

一、基本概念

食品安全应该是一个相对广义的概念。世界卫生组织(WHO)对于食品安全问题的定义是"食物中含有有毒、有害物质对人体健康产生影响的公共卫生问题"。在这个定义中,有毒有害物质和对人体健康产生影响这两个因素必须同时存在,才能构成食品安全问题,才能称这样的食品是不安全的食品。例如,北京烤鸭在烤制过程中会出现一种致癌物,统称多环芳烃,但作为一道特色美食,依然深受人们喜爱。因为我们不会每天都吃大量烤鸭,而且烤鸭中的致癌物含量极小,因此虽然存在有毒有害物质,但不对人体健康造成影响,所以这就不属于食品安全事件。

随着时间的推移和科学技术水平的提高,人们对于食品安全的认识逐渐发生了改变,任何一种食品要保证绝对安全或者危险性为零几乎是不可能的。食品中的化学成分,无论是天然的还是添加的,不仅无法证明它是绝对安全的,而且也不可能达到绝对安全的目标,实际上这些成分只要摄入量充分大和食用时间足够长,都会对人体引起有害的反应,即所谓的"安全"是相对的。目前,国际社会在食品安全概念的理解上已经基本形成共识,是指食品无毒、无害,符合应当有的营养要求,对人体健康不造成任何急性、亚急性或者慢性的危害。

应该将假冒伪劣与食品安全问题区分开来。例如,2011年上海一些超市销售的玉米面馒头是由柠檬黄着色剂染色生产出来的,实际上柠檬黄是国际公认的食品添加剂,安全且有用,从其使用范围来看,可以用于雪糕、果冻等食物,但不可以用于馒头之中,所以染色馒头事件违反了国家相关法律,是违法行为,是假冒伪劣事件,而非食品安全事件。

二、我国目前存在的主要食品安全问题

经过多年的发展,我国的食品供给格局发生了根本性的变化,食品数量已满足需求,但也存在不足,各种有毒有害农副产品、加工食品的出现,影响了我国居民的身心健康。

当前,我国存在的食品安全问题主要表现在以下几个方面:

(1)地质特点、矿山冶炼、废物排放等造成的农产品被重金属污染。

(2)垃圾焚烧、生产废水排放等造成的食品中存在一定水平的持久性有机污染物。

(3)未按照国家农药使用规定在蔬菜、水果和粮食种植过程中过量施用或者使用禁用农药。

(4)在畜、禽动物饲养过程中未按照国家规定的药物品种以及允许使用品种的合理休药期使用兽药。

(5)由于种植环境、储存环境和自然灾害等造成的农作物中存在真菌毒素的问题。

(6)在包装材料生产中使用国家未批准的有毒生产助剂,导致这些有毒物质迁移至食品中的问题。

(7)在食品生产加工中未按照食品添加剂使用卫生标准的规定,在食品中滥用或者违规使用食品添加剂。

(8)在养殖环节和生产环节存在使用非法添加物质的现象。

(9)生产加工过程中工艺不合理,生产场所卫生状况差,导致成品中存在微生物指标不合格的现象。

(10)部分生食食品中存在致病菌、病毒和寄生虫。

三、食品安全危害因子

食品从种植、养殖到生产、加工、贮存、运输、销售、烹调直至端上餐桌的整个过程中的各个环节,都有可能受到食品安全危害因子的污染,造成食品安全性、营养性和(或)感官性状发生改变,从而对人体造成不同程度的危害。食品安全危害因子主要分为三类,即生物性危害因子、化学性危害因子和物理性危害因子。

(一)生物性危害因子

食品安全的生物性危害因子包括以下四类:

1. 微生物

微生物危害因子主要有细菌及其毒素、真菌及其毒素、病毒。其中,细菌与细菌毒素、真菌与真菌毒素对食品的污染最常见、最严重。动物性食品容易被细菌及其毒素污染,其中畜肉及其制品居首位,其次为禽肉、鱼、乳、蛋类。粮谷类食物(如剩饭、米糕、米粉等)则容易被金黄色葡萄球菌、蜡样芽孢杆菌污染。可以导致食物中毒的有害微生物主要为沙门菌、空肠弯曲菌、出血性大肠杆菌等。

2. 寄生虫及其虫卵

常见寄生虫虫卵有蛔虫卵、绦虫卵、中华枝睾吸虫卵和旋毛虫卵等,主要是由病人、病畜的粪便通过水体、土壤间接或者直接污染食品所致。

3. 昆虫及其排泄物

主要有粮食中的甲虫、螨类、蛾类、谷象虫以及动物性食品和某些发酵食品中的蝇、蛆等。

4. 有毒动植物

有毒动物主要是河豚。河豚味道鲜美,但其内脏有剧毒,民间有"拼死吃河豚"的说法。

(二)化学性危害因子

食品安全的化学性危害因子种类繁多,包括各种有毒有害金属、非金属、有机物、无机物等。目前,危害最严重的是化学、农药、兽药、有害金属、多环芳烃类,如苯并(a)芘、N-亚硝基化合物等。化学性危害因子污染食品的途径复杂多样,涉及范围广,主要表现如下:

(1)熏蒸剂、杀虫剂、除草剂、杀菌剂等农药、兽药不合理使用或者使用过量,残留在食品中。

(2)工业"三废"(废水、废渣、废气)排放,造成有毒金属和有机物(如铅、砷、镉、汞、酚等)污染水中生物、农作物、牧草等,继而转移至食品中。

(3)质量不符合卫生要求的食品容器、器械、工具、包装材料、运输工具等接触食品时,其含有的不稳定的有毒、有害化学物质转移到酸性食品或者油状食品中。盛装过有毒、有害化学物质的容器、包装材料未经彻底洗刷与消毒处理即存放食品也可造成污染。

（4）非法滥用食品添加剂。常见添加剂本身含有的杂质作为有害物质污染食品。

（5）在食品加工、贮存过程中产生的有毒、有害化学物质。例如,腌渍、烟熏、烘烤类食物产生的亚硝铵、多环芳烃、杂环胺、丙烯酰胺等以及酒中有害的醇类、醛类等。

（6）掺假、制假过程中加入的化学物质。例如,在粮食制品中加入"吊白块",在奶粉中加入三聚氰胺等。

（7）持久性有机物污染物,如二噁英、多氯联苯、六六六等。

（三）物理性危害因子

食品安全的物理性危害因子来源复杂,种类繁多,主要分为以下两类:

1. 放射性污染物

天然放射性污染物主要来源于宇宙射线和地壳中的放射性物质,人工放射性污染物主要来自放射性物质的开采、冶炼、生产、应用及意外事故造成的污染。放射性污染物在污染了环境（水、土壤和空气）之后,与所处环境中的动植物进行物质和能量的交换,从而转移到动植物体内,进一步向植物性食品和动物性食品转移。

2. 杂物污染物

杂物污染物主要是指食品生产、加工、储藏、运输、销售过程中的污染物。例如,粮食收割时混入的草籽、液体食品容器中的杂物、食品运销过程中的灰尘等。杂物污染物可能并不直接威胁消费者健康,但却严重影响了食品应有的感观性状和营养价值,使得食品的质量和安全不能得到保证。

第二节　食源性疾病

食源性疾病（foodborne disease）是当今世界上分布最广泛、最常见的疾病之一,发病频繁,涉及面广。尽管现代科技已经发展到相当的水平,但是食源性疾病不论是在发达国家还是在发展中国家,都没有能够得到有效的控制,仍然严重危害着人民的身体健康,影响着社会经济的发展,成为世界各国最关注和重视的公共卫生问题之一。食源性疾病也是我国头号食品安全问题。我国每年收到重大食物中毒报告 600~800 起,发病 2 万至 3 万人,死亡 200~300 人,而这仅是实际发病人数的"冰山一角"。世界卫生组织估计发展中国家的漏报率高达 95% 以上。2011 年,食源性疾病主动监测研究数据显示,我国每年有两亿多人罹患微生物性食源性疾病。我国暴发过几次重大的食源性疾病,如:1998 年上海因食用毛蚶暴发甲肝导致约 35 万人感染;2000 年,江苏、河南等省发生致病性大肠杆菌污染食品事件,导致约 2 万人中毒。

一、食源性疾病的基本概念

WHO 对于食源性疾病的定义为:通过摄入食物而进入人体的各种致病因子引起的、通常具有感染或中毒性质的一类疾病,即通过食物摄入的方式和途径致使病原物质进入人体并引起的中毒性或感染性疾病。根据这个定义,食源性疾病包括三个基本要素:(1) 食物是携带和传播病原物质的媒介;(2) 导致人体罹患疾病的病原物质是食物中所含的各种致病因子;(3) 临床特征为急性中毒或急性感染。

"食源性疾病"一词是由传统的"食物中毒"逐渐发展而来的。随着人们对于疾病认识的深入和发展,食源性疾病的范畴也在不断扩大。它不仅包括传统的食物中毒,还包括经食物而感染的肠道传染病、食源性寄生虫病、人兽共患传染病、食物过敏、由于食物营养不平衡所造成的某些退行性疾病(心脑血管疾病、肿瘤、糖尿病等)以及食物中有毒、有害污染物引起的慢性中毒性疾病。

二、食物中毒

(一) 基本概念

食物中毒(food poisoning)是食源性疾病中最为常见的疾病,是指摄入含有生物性、化学性有毒有害物质的食品或把有毒有害物质当作食品摄入后所出现的非传染性的急性、亚急性疾病。食物中毒不包括摄取非可食状态(如未熟的水果)或非正常数量(如暴饮暴食)的某些食物而引起的急性胃肠炎、食用大量脂肪引起的消化不良、特异体质者由饮食所致的变态反应、食用刺激性食品所引起的局部刺激症状、营养缺乏病、食源性肠道传染病(如伤寒)和寄生虫病(如旋毛虫病),也不包括因一次大量或长期少量多次摄入某些有毒、有害物质而引起的以慢性损害为主要特征(如致癌、致畸、致突变)的疾病。

(二) 食物中毒的原因

正常情况下,一般食物不具有毒性,食物产生毒性并且引起人体食物中毒主要有以下几方面的原因:

(1) 某些致病性微生物污染食品并且急剧繁殖,导致食品中存在大量活菌(如沙门菌属)或者产生大量毒素(如金黄色葡萄球菌产生的肠毒素)。

(2) 有毒化学物质(如农药)混入食品中,并且达到能引起急性中毒的剂量。

（3）食品本身含有有毒成分（如河豚中含有河豚毒素），而加工、烹调方法不当，未能将其除去。

（4）食品在贮存过程中，由于贮存条件不当而产生了有毒物质。例如，马铃薯在发芽时产生龙葵素。

（5）摄入有毒成分的动植物起着毒素的转移和富集作用。例如，摄入毒藻的海水鱼、贝，采集有毒蜜源植物酿的蜂蜜等。

（6）某些外形与食物相似（如毒蕈等），但实际含有有毒成分的植物，被当作食物误食而引起食物中毒。

（三）食物中毒的发病特点

虽然食物中毒的发生原因各不相同，但其发病具有以下共同特点：

（1）发病潜伏期短。一般在 24～48h 以内发病，呈暴发性，短时间内可能有多数人发病。

（2）发病与食物有关。病人有共同饮食史，在相近的时间内都食用过同样的食物，发病范围与有毒食物供应范围一致，局限在食用该有毒食物的人群。一旦停止该食物供应，发病就立即停止。

（3）中毒病人临床表现基本相似。最常见的临床表现是以恶心、呕吐、腹痛、腹泻为主的急性胃肠炎症状，也有以神经系统症状为主的。

（4）一般情况下，人与人之间不直接传染。发病曲线在突然上升之后呈迅速下降趋势，无传染病流行时的余波。

（四）食物中毒的分类

一般按病原物不同将食物中毒分为以下五类：

1. 细菌性食物中毒

细菌性食物中毒是指因摄入含有细菌或细菌毒素的食品而引起的食物中毒，是食物中毒中最常见的一类。发病率通常较高，但病死率较低，发病有明显的季节性，每年 5—10 月份最多见。根据病原体和发病机制的不同，细菌性食物中毒分为感染型、毒素型和混合型三类。常见的细菌性食物中毒有沙门菌属食物中毒、变形杆菌属食物中毒、副溶血性弧菌食物中毒、致病性大肠菌属食物中毒、蜡样芽孢杆菌食物中毒、葡萄球菌肠毒素食物中毒、肉毒梭状芽孢杆菌毒素食物中毒等。

2. 真菌及其毒素食物中毒

真菌及其毒素食物中毒是指因食用被真菌及其毒素污染的食物（例如赤霉病变、霉变甘蔗等）而引起的食物中毒。中毒的发生主要由被真菌污染的食品引起；用一般烹调方法进行加热处理不能破坏食品中的真菌毒素；其发病率和病死率都较高，发病的季节性及地区性均较明显。例如，霉变甘蔗中毒常见于初春的北方。

3. 动物性食物中毒

动物性食物中毒是指因食用本身含有有毒成分的动物性食品而引起的食物中毒。该类食物中毒的发病率和病死率较高。引起动物性食物中毒的食品主要有以下两种：（1）将天然含有有毒成分的动物当作食品，如：河豚、有毒贝类等引起的中毒。（2）在一定条件下产生大量有毒成分的动物性食品，如：鱼类贮存不当产生组胺导致的中毒。

4. 植物性食物中毒

植物性食物中毒是指因食用本身含有有毒成分或由于贮存不当产生了有毒成分的植物性食品而引起的食物中毒。如：含氰苷果仁、木薯、菜豆、毒蕈、发芽马铃薯等引起的食物中毒。其发病特点因引起中毒的食品种类不同而异，如：毒蕈中毒多见于春、秋暖湿季节及丘陵地区，病死率较高。

5. 化学性食物中毒

化学性食物中毒是指因食用含有化学性有毒物质的食品而引起的食物中毒。该类食物中毒发病的季节性、地区性均不明显，但发病率和病死率均较高，例如有机磷农药、鼠药、某些金属或类金属化合物、亚硝酸盐等引起的食物中毒。

第三节　食品添加剂

随着社会经济的发展，食品消费模式已经发生了巨大的改变。大多数食品需要使用食品添加剂来改善食品的组织状态或增强食品的色、香、味和口感，食品添加剂的种类和数量也在逐年增加，正确认识和合理使用食品添加剂可以有效地保证食品安全。

一、食品添加剂的基本概念

1962 年，世界粮农组织（FAO）和世界卫生组织（WHO）在 FAO/WHO 食品法典委员会（CAC）中设立的"食品添加剂专家委员会（Joint FAO/WHO Expert Committee on Food Additives,JECFA）"认为，食品添加剂是指在食品制造、加工、调整、处理、包装、运输、保管中为了达到技术目的而添加的物质。

我国 2011 年 6 月实施的《食品添加剂使用标准》（GB2760—2011）对食品添加剂的定义是：为改善食品品质和色、香、味，以及防腐和加工工艺需要而加入食品中的化学合成或天然物质。营养强化剂、食品用香料、胶基糖果中基础剂物质、食品工业用加工助剂等均包括在内。

二、食品添加剂的数量

据统计,目前国际上使用的食品添加剂种类已达 25000 余种,其中直接使用的有 4000～5000 种。我国 2014 年 12 月公布的《食品安全国家标准·食品添加剂使用标准》(GB2760—2014)中批准使用的食品添加剂、食品用香料、食品用加工助剂和胶母糖基础剂等共有 2424 种,其中允许使用的天然香料 400种,合成香料 1453 种。凡是不在国家标准名单中的东西都不是食品添加剂。例如,苏丹红是一种工业染料,不法分子把它加到鸭子的饲料里,可以让鸭蛋变得更红,以欺骗消费者;三聚氰胺是一种重要的化工原料,可以用于制造仿瓷餐具,不法分子把它加到牛奶中,伪造较高的蛋白含量。上述两种化学物都不在食品添加剂名单中,都是违法添加物。

三、食品添加剂的分类

(一)按生产方法分类

1. 生物合成物

应用生物技术(酶法和发酵法)获得的产物,如枸橼酸、红曲米、红曲色素等。

2. 天然提取物

利用物理方法从天然动植物中提取出的物质,如甜菜红、辣椒红素等。

3. 化学合成物

运用化学合成方法得到的纯化学合成物,如苯甲酸钠、胭脂红等。

(二)按来源分类

1. 天然食品添加剂

天然食品添加剂是指不含有有害物质的非化学合成食品添加剂。它主要来自动植物组织或微生物的代谢产物及一些矿物质,可用干燥、粉碎、提取、纯化等方法制得。天然食品添加剂品种少,价格较高。

2. 人工合成食品添加剂

人工合成食品添加剂是指通过化学手段使元素或化合物经过氧化、还原、缩合、聚合、成盐等反应制得的物质,包括天然等同色素、天然等同香料。人工合成食品添加剂品种齐全、价格低、使用量少,但是毒性通常大于天然食品添加剂,特别是其成分不纯或用量过大时,容易对机体造成损害。

(三)按功能用途分类

我国的《食品安全国家标准·食品添加剂使用标准》(GB2760—2011)将食品添加剂分为以下 23 个功能类别:酸度调节剂、抗结剂、消泡剂、抗氧化剂、漂白剂、膨松剂、胶基糖果中基础剂物质、着色剂、护色剂、乳化剂、酶制剂、增味剂、面粉处理剂、被膜剂、水分保持剂、营养强化剂、防腐剂、稳定和凝固剂、甜味剂、增稠剂、食品用香料、食品工业用加工助剂、其他。

四、食品添加剂的使用要求

我国食品添加剂的使用必须符合《食品添加剂使用标准》（GB2760—2011）、《中华人民共和国食品安全法》或卫生部公告名单规定的品种及其使用范围和使用量。

（一）食品添加剂使用时应符合的基本要求

（1）不应对人体产生任何健康危害。

（2）不应掩盖食品腐败变质。

（3）不应掩盖食品本身或加工过程中的质量缺陷，或以掺杂、掺假、伪造为目的而使用食品添加剂。

（4）不应降低食品本身的营养价值。

（5）在达到预期目的的前提下尽可能降低在食品中的使用量。

（6）不得在婴幼儿食品中添加食品添加剂。

（二）可使用食品添加剂的情况

（1）保持或提高食品本身的营养价值。

（2）作为某些特殊膳食用食品的必要配料或成分。

（3）提高食品的质量和稳定性，改进其感观特性。

（4）便于食品的生产、加工、包装、运输或者贮藏。

五、食品添加剂的作用

（1）改进食品风味，改善口感。例如，面包和糕点制作过程中添加发酵粉可使其口感松软绵甜，冰激凌中添加了乳化剂、增稠剂。

（2）防止腐败变质，确保使用者的安全与健康，降低食物中毒的发生频率。例如，食用油中的抗氧化剂能够延缓和抑制油脂变质和产生哈喇味。

（3）满足生产工艺的需要。例如，制作豆腐必须使用凝固剂；果肉罐头里的防腐剂和充气包装中的氮气便于食品的生产、加工、包装、运输或者储藏。

（4）提高食品的营养价值。例如，添加氨基酸、维生素、矿物质等营养强化剂。

第四节　食品安全风险监测和评估

保障食品安全是国际社会面临的共同挑战和责任。各国政府和相关国际组织在解决食品安全问题、减少食源性疾病、强化食品安全体系方面一直在不断地探索,积累了许多宝贵的经验,食品安全管理水平也在不断提高,特别是在食品安全风险监测和评估的理论与实践上得到了广泛认同和应用。作为发展中国家,我国生产力发展水平仍然较低,多数食品企业规模小、分布广,区域发展不平衡,食品安全监管能力与世界先进水平相比有一定的差距,食品安全风险监测和评估基础比较薄弱。

一、食品安全风险监测

(一) 定义

食品安全风险监测是指通过系统、持续地收集食源性疾病、食品污染以及食品中有害因素的监测数据和相关信息,进行综合分析和及时通报的活动。根据《食品安全法》的规定,国务院卫生行政部门会同国务院有关部门制定并实施国家食品安全风险监测计划,省、自治区、直辖市人民政府卫生行政部门根据国家食品安全风险监测计划,结合本行政区域的具体情况,组织制定、实施本行政区域的食品安全风险监测方案。

监测是一项科学工作,监测的最终目的是把监测结果应用于预防疾病和促进健康。因此,食品安全风险监测对于各级政府和监管部门来说都是一项极为重要的工作,是食品安全监管不可或缺的重要方法。

(二) 监测内容

1. 食品污染及食品中的有害因素监测

(1) 常规监测。监测项目包括食品中有害元素、生物毒素、农药残留、有机污染物、食品包装材料污染物、加工过程产生的有害物质、食品添加剂、卫生指示菌、食源性致病菌、寄生虫和病毒等指标。监测样品包括粮食及其制品、豆类、蔬菜、水果及其制品、肉与肉制品、蛋与蛋制品、乳与乳制品、婴幼儿食品、食用植物油、水产品、茶叶、坚果、酒类、调味品、饮料、餐饮食品和食品包装材料等。

(2) 专项监测。监测项目包括食品中有害元素、有机污染物、食品包装材料污染物、加工过程产生的有害物质、禁用药物、非法添加物、食品添加剂、卫生指示菌和食源性致病菌等。监测样品包括粮食及其制品、蔬菜制品、水果制品、肉与肉制品、乳与乳制品、水产及其制品、食品添加剂、特殊膳食食品、餐饮食品和保健食品等。同时,对进口食品、出口食品开展专项监测。

2. 食源性疾病监测

(1) 食源性疾病监测:包括异常病例监测、特定病原体的食源性疾病监测、食品生产经营从业人员食源性致病菌带菌监测三部分内容。

(2) 食源性疾病事件报告:对所有调查处置的食源性疾病暴发事件进行报告。

(3) 食源性疾病负担调查:开展以人群为基础的急性胃肠炎调查。

(4) 耐药性监测:监测对象为食品和病例标本检出的沙门菌、副溶血性弧菌、致泻性大肠埃希菌、志贺菌分离株。

(5) 致病菌分子分型监测:监测对象为食品和病例标本中检出的沙门菌、副溶血性弧菌、致泻性大肠埃希菌、志贺菌分离株。

3. 食品中放射性污染监测

(1) 重点地区监测:在核电站周围开展监测。

(2) 一般地区监测:在全国各省辖市开展监测。

(3) 专项监测:如对食品脱氧剂、干燥剂以及相关食品等开展监测。

二、食品安全风险评估

(一) 定义

食品安全风险评估是指对食品、食品添加剂中生物性、化学性和物理性危害对人体健康可能造成的不良影响进行的科学评估。它包括危害识别(hazard identification)、危害特征描述(hazard characterization)、暴露评估(exposure assessment)、风险特征描述(risk characterization)。

(二) 危害识别

危害识别是指根据流行病学、动物试验、体外试验、结构-活性关系等科学数据和文献信息确定人体暴露于某种危害后是否会对健康造成不良影响及其可能性,以及可能处于风险中的人群和范围。

危害识别是食品安全风险评估的定性阶段,是对人或环境造成不良作用(反应)危险来源的识别,以及对不良作用(反应)本质的定性描述。这一阶段的主要任务是根据已知的毒理学资料确定某种食源性因素是否对健康产生不良影响、影响的性质和特点,以及在什么条件下可能表现出来。

在对食品中外源化学物进行危害识别时,首先要收集现有的毒理学资料,并对这些资料的质量和可信度进行评价、权衡后决定取舍或有所侧重。各种资料按重要程度大小依次为流行病学资料、动物毒理学资料、体外试验资料以及构效关系资料。

（三）危害特征描述

危害特征描述是指对与危害相关的不良健康作用进行定性或者定量的描述。可以利用动物试验、临床研究以及流行病学研究确定危害与各种不良健康作用之间的剂量-反应关系、作用机制等。

危害特征描述是食品安全风险评估的定量阶段。这一阶段的主要任务是对食品中某种食源性因素对健康的影响进行剂量-反应和剂量-效应关系研究及其各自伴随的不确定性进行研究。危害特征描述方法主要包括从高剂量向低剂量外推、从动物毒性资料向人类资料外推的方法。根据食品中化学物作用类型的不同，剂量-反应关系评定又可分为有阈值化学毒物和无阈值化学毒物的剂量-反应关系评定。

（四）暴露评估

暴露评估是指描述危害进入人体的途径，估算不同人群摄入危害的水平，根据危害在膳食中的水平和人群膳食消费量初步估算危害的膳食总摄入量，同时考虑其他非膳食进入人体的途径，估算人体总摄入量，并与安全摄入量进行比较。

在暴露评估这一阶段，要对人体通过各种途径所接触的化学物的量进行定性和定量评估，包括接触某化学物的量、频率和时间及接触途径（经皮、口和呼吸道）。接触评价分为外接触评价（即通过各种途径接触化学物的量）和内接触评价（即化学物进入机体的有效剂量或与机体发生相互作用的有效剂量）。

对食品中化学物的接触评价主要包括以下三个方面：

（1）定量分析食品或膳食中存在的化学物，包括在食品生产过程中的变化。

（2）确定含有相关化学物的每种食品的消费模式。

（3）把消费者摄入大量特定食品的可能性和这些食品中含有高浓度相关化学物的可能性综合起来进行分析。

（五）风险特征描述

风险特征描述是指在危害识别、危害特征描述和暴露评估的基础上，综合分析危害对人群健康产生不良作用的风险及其程度，同时描述和解释风险评估过程中的不确定性。

风险特征描述是风险评估的最后一步。通过风险特征描述，对人体摄入某化学物对健康产生不良效应的可能性和严重程度进行估计，说明并讨论各阶段评价中的不确定性因素以及各种证据的优、缺点等，从而为管理部门进行危险性管理提供依据。在描述风险特征时，必须考虑到在风险评估过程中每一步所涉及的不确定性，如：将动物试验结果外推到人时的不确定性、个体易感性的差异等。

食源性疾病(食物中毒)及其预防控制

第一节　细菌性食物中毒

细菌性食物中毒是指因摄入被致病性细菌或其毒素污染的食品而引起的中毒。细菌性食物中毒是最常见的食物中毒。近几年来,我国发生的细菌性食物中毒多以沙门菌、变形杆菌和金黄色葡萄球菌食物中毒为主,其次为副溶血性弧菌、蜡样芽孢杆菌食物中毒。根据病原体和发病机制的不同,可将细菌性食物中毒分为感染型、毒素型和混合型三类。

一、沙门菌食物中毒

（一）病原体

沙门菌属食物中毒是细菌性食物中毒中最为常见的一种,其病原体是沙门菌属的微生物,如猪霍乱沙门菌、鼠伤寒沙门菌、肠炎沙门菌等。

（二）中毒机制

大多数沙门菌食物中毒是由沙门菌活菌对肠黏膜的侵袭而导致的感染性中毒。肠炎沙门菌、鼠伤寒沙门菌可产生肠毒素,通过对小肠黏膜细胞膜上腺苷酸环化酶的激活,抑制小肠黏膜细胞对 Na^+ 的吸收,促进 Cl^- 的分泌,使 Na^+、Cl^- 和水在肠腔潴留而导致腹泻。

（三）流行病学特点

1. 流行特点

虽然全年皆可发生,但季节性较强,多见于夏、秋两季,5—10 月份的发病起数和中毒人数可达全年发病起数和中毒人数的 80%。发病点多、面广,暴发与散发并存。青壮年多发,且以农民、工人为主。

2. 中毒食品

引起沙门菌食物中毒的食品主要为动物性食品,特别是畜肉类及其制品,其次为禽肉、蛋类、乳类及其制品。由植物性食品引起者很少。

(四) 临床表现

潜伏期短,一般为 4~48h,长者可达 72h。潜伏期越短,病情越重。开始表现为头疼、恶心、食欲减退,随后出现呕吐、腹泻、腹痛。腹泻一日可达数次至十余次,主要为水样便,少数带有黏液或血。体温升高,可达 38℃~40℃,轻者 3~4d 内症状消失。沙门菌食物中毒有多种临床表现,可分为胃肠炎型、类霍乱型、类伤寒型、类感冒型、败血症型,其中以胃肠炎型最为常见。

(五) 诊断和治疗

1. 诊断

按《沙门菌食物中毒诊断标准及技术处理原则》(WS/T 13—1996)进行诊断。根据流行病学特点与临床表现,结合细菌学检验可做出诊断。

2. 治疗

轻症者以补充水分和电解质等对症处理为主,对重症、有菌血症和其他并发症的患者,须用抗生素治疗。

(六) 预防措施

针对细菌性食物中毒发生的三个环节采取相应的预防措施。

1. 防止沙门菌污染食品

(1) 加强对肉类、禽蛋类食品生产企业的卫生监督及家畜、家禽屠宰前的兽医卫生检验,并按有关规定处理。

(2) 加强家畜、家禽屠宰后的检验,防止被沙门菌污染的畜禽肉(尸)、内脏及蛋进入市场。

(3) 加强卫生管理,防止肉类食品在储藏、运输、加工、烹调或销售等各个环节被沙门菌污染,特别要防止熟肉类制品被食品从业人员带菌者、带菌的容器及生食物污染。

2. 控制食品中沙门菌的繁殖

影响沙门菌繁殖的主要因素是储存温度和时间。低温储存食品是控制沙门菌繁殖的重要措施。食品生产企业、副食品商店、集体食堂、食品销售网点均应配置冷藏设备。生熟食品应分开保存,防止交叉污染。此外,加工后的熟肉制品应尽快食用,或低温储存,并尽可能缩短储存时间。

3. 彻底加热,以杀灭沙门菌

加热杀灭病原菌是防止食物中毒的关键措施,但必须达到有效的温度。

经高温处理后可供食用的肉块不应超过 1kg,并持续煮沸 2.5 ~ 3h,或使肉块深部的温度至少达到 80℃,并持续 12min,使肉中心部位变为灰色而无血水,以便彻底杀灭肉类中可能存在的沙门菌并灭活毒素。加工后的熟肉制品在长时间放置后应再次加热后才能食用。禽蛋类须将整个蛋洗净后,带壳煮或蒸,煮沸 8 ~ 10min 以上。

二、副溶血性弧菌食物中毒

（一）病原体

副溶血性弧菌是一种嗜盐性细菌,主要存在于近岸海水、海底沉积物和鱼贝类等海产品中。副溶血性弧菌引起的食物中毒是我国沿海地区最常见的一种食物中毒。

（二）中毒机制

副溶血弧菌食物中毒属于混合型细菌性食物中毒。摄入一定数量的致病性副溶血性弧菌数小时后,可发生肠黏膜细胞及黏膜下炎症反应等病理改变,并可产生肠毒素及耐热性溶血毒素。大量的活菌及耐热性溶血毒素共同作用于肠道,引起急性胃肠道症状。

（三）流行病学特点

1. 地区分布

我国沿海地区为副溶血性弧菌食物中毒的高发区。近年来,随着海产食品大量流向内地,内地也有此类食物中毒事件的发生。

2. 季节性及易感性

7—9 月份是副溶血性弧菌食物中毒的高发季节。男女老幼均可发病,但以青壮年为多。

3. 中毒食品

主要是海产食品,其中以墨鱼、带鱼、黄花鱼、虾、蟹、贝、海蜇最为多见,如墨鱼的带菌率可达93%;其次为盐渍食品,如咸菜、腌渍的肉禽类食品等。

（四）临床表现

潜伏期为 2 ~ 40h,多为 14 ~ 20h。发病初期主要为腹部不适,尤其是上腹部疼痛或胃痉挛;继之出现恶心、呕吐、腹泻,体温一般为 37.7℃ ~ 39.5℃。发病 5 ~ 6h 后,腹痛加剧,以脐部阵发性绞痛为特点。粪便多为水样、血水样、黏液或脓血便,里急后重不明显。重症者可出现脱水、意识障碍、血压下降等,病程 3 ~ 4d,预后良好。近年来,国内报道的副溶血性弧菌食物中毒临床表现不一,可呈胃肠炎型、菌痢型、中毒性休克型或少见的慢性肠炎型。

（五）诊断和治疗

1. 诊断

按《副溶血性弧菌食物中毒诊断标准及技术处理原则》（WS/T 81—1996)进行诊断。根据流行病学特点与临床表现,结合细菌学检验可做出诊断。

2. 治疗

以补充水分和纠正电解质紊乱等对症治疗为主。

（六）预防措施

与沙门菌食物中毒的预防基本相同,也要抓住防止污染、控制繁殖和杀灭病原菌三个主要环节,其中控制繁殖和杀灭病原菌尤为重要。各种食品,尤其是海产食品及各种熟制品应在低温下贮藏。鱼、虾、蟹、贝类等海产品应煮透。凉拌食物清洗干净后在食醋中浸泡10min 或在100℃沸水中漂烫数分钟即可杀灭副溶血性弧菌。此外,盛装生、熟食品的器具要分开,并注意消毒,以防止交叉污染。

三、变形杆菌食物中毒

（一）病原体

变形杆菌属肠杆菌科,为革兰阴性杆菌。变形杆菌食物中毒是我国常见的食物中毒之一,引起食物中毒的变形杆菌主要是普通变形杆菌、奇异变形杆菌。

（二）中毒机制

主要是大量活菌侵入肠道引起的感染型食物中毒。

（三）流行病学特点

1. 季节性

全年均可发生,大多发生在5—10月份,7—9月份最多。

2. 中毒食品种类

主要是动物性食品,特别是熟肉以及内脏的熟制品。变形杆菌常与其他腐败菌同时污染生食品,使生食品发生感官上的改变,但熟制品被变形杆菌污染后通常无感官性状的变化,极易被忽视而引起中毒。

（四）临床表现

潜伏期一般为12～16h,短者1～3h,长者60h。主要表现为恶心、呕吐、畏寒、发热、头晕、头痛、乏力、脐周阵发性剧烈绞痛。腹泻物为水样便,常伴有黏液,恶臭,一日数次。体温一般在37.8℃～40℃,但多在39℃以下。发病率较高,一般为50%～80%。病程较短,为1～3天,多数在24h 内恢复,一般预后良好。

（五）诊断和治疗

1. 诊断

按《变形杆菌食物中毒诊断标准及技术处理原则》（WS/T 9—1996）进行诊断。内容包括流行病学特点、临床表现、细菌学和血清学检验等。

2. 治疗

一般不必用抗生素，仅需补液等对症处理。对重症者可给予氯霉素、庆大霉素等抗菌药物。

（六）预防措施

同沙门菌食物中毒。

四、葡萄球菌食物中毒

（一）病原体

葡萄球菌食物中毒是因摄入被葡萄球菌肠毒素污染的食物所引起的。能产生肠毒素的葡萄球菌主要是金黄色葡萄球菌。

（二）中毒机制

金黄色葡萄球菌食物中毒属毒素型食物中毒。摄入含金黄色葡萄球菌活菌而无肠毒素的食物不会引起食物中毒，摄入达到中毒剂量的肠毒素才会引起中毒。肠毒素作用于胃肠黏膜，引起充血、水肿甚至糜烂等炎症变化及水与电解质代谢紊乱，出现腹泻，同时刺激迷走神经的内脏分支而引起反射性呕吐。

（三）流行病学特点

1. 季节性

全年皆可发生，但多见于夏秋季。

2. 中毒食品种类

引起中毒的食品种类很多，主要是营养丰富且含水分较多的食品，如乳类及乳制品、肉类、剩饭等，其次为熟肉类，偶见鱼类及其制品、蛋制品等。近年来，由熟鸡、鸭制品引起的食物中毒事件增多。

（四）临床表现

发病急骤，潜伏期短，一般为 2～5h，极少超过 6h。主要表现为明显的胃肠道症状，如恶心、呕吐、中上腹部疼痛、腹泻等，以呕吐最为显著。呕吐物常含胆汁，或含血及黏液。剧烈吐泻可导致虚脱、肌痉挛及严重脱水。体温大多正常或略高。病程较短，一般在数小时至 1～2d 内迅速恢复，很少死亡。发病率为 30% 左右。儿童对肠毒素比成年人更为敏感。故其发病率较成年人高，病情也较成年人重。

（五）诊断和治疗

1. 诊断

按《葡萄球菌食物中毒诊断标准及处理原则》（WS/T 80—1996）进行诊断。

2. 治疗

按照一般急救处理的原则，以补水和维持电解质平衡等对症治疗为主，一般不需应用抗生素。对重症者或出现明显菌血症者，除对症治疗外，还应根据药物敏感性试验结果采用有效的抗生素，不可滥用广谱抗生素。

（六）预防措施

1. 防止金黄色葡萄球菌污染食物

（1）避免带菌人群对各种食物的污染。要定期对食品加工人员、饮食从业人员、保育员进行健康检查，有手指化脓、化脓性咽炎、口腔疾病时应暂时调换工作。

（2）避免葡萄球菌对畜产品的污染。应经常对奶牛进行兽医卫生检查，对患有乳腺炎、皮肤化脓性感染的奶牛及时治疗。奶牛患化脓性乳腺炎时，其乳不能食用。在挤乳的过程中要严格按照卫生要求操作。健康奶牛的乳在挤出后，除应防止金黄色葡萄球菌污染外，还应迅速冷却至10℃以下，防止该菌在较高的温度下繁殖和产生毒素。此外，乳制品应以消毒乳为原料。

2. 防止肠毒素的形成

食物应冷藏，或置阴凉通风的地方，放置时间不应超过6h，尤其在气温较高的夏秋季节，食用前还应彻底加热。

五、李斯特菌食物中毒

（一）病原体

李斯特菌属是短小的革兰阳性无芽孢杆菌，包括格氏李斯特菌、单核细胞增生李斯特菌、默氏李斯特菌等8个种。引起食物中毒的主要是单核细胞增生李斯特菌，这种细菌本身可致病，并可在血液琼脂上产生被称为李斯特菌溶血素O的β-溶血素。

（二）中毒机制

李斯特菌引起食物中毒主要由大量李斯特菌活菌侵入肠道所致，也与李斯特菌溶血素O有关。

（三）流行病学特点

1. 季节性

春季可发生；在夏、秋季，发病率呈季节性增高。

2. 中毒食品种类

主要有乳及乳制品、肉类制品、水产品、蔬菜及水果,尤以在冰箱中保存时间过长的乳制品、肉制品最为多见。

3. 易感人群

孕妇、婴儿、50 岁以上的人群、因患其他疾病而身体虚弱合并功能低下状态的人均为易感人群。

(四)临床表现

临床表现有两种类型:侵袭型和腹泻型。侵袭型的潜伏期为 2~6 周。病人开始常有胃肠炎的症状,最明显的表现是败血症、脑膜炎、脑脊膜炎、发热,有时可引起心内膜炎。孕妇可出现流产、死胎等后果;幸存的婴儿则易患脑膜炎,导致智力缺陷或死亡;免疫系统有缺陷的人易出现败血症、脑膜炎。少数轻症病人仅有流感样表现。病死率高达 20%~50%。腹泻型的潜伏期一般为 8~24h,主要症状为腹泻、腹痛、发热。

(五)诊断和治疗

1. 诊断

(1)流行病学特点:符合李斯特菌食物中毒的流行病学特点,在同一人群中短期发病,且进食同一可疑食物。

(2)特有的临床表现:侵袭型的临床表现与常见的其他细菌性食物中毒的临床表现有明显的差别,突出的表现有脑膜炎、败血症、流产或死胎等。

(3)细菌学检验:按《食品卫生微生物学检验——单核细胞增生李斯特菌检验》(GB/T4789.30—2010)进行操作。

2. 治疗

进行对症和支持治疗,用抗生素治疗时可选择氨苄西林/舒巴坦、亚胺培南、莫西沙星、左氧氟沙星等。

(六)预防措施

由于李斯特菌在自然界广泛存在,且对杀菌剂有较强的抵抗力,因而从食品中消灭李斯特菌不切实际。食品生产者和加工者应该把注意力集中在减少李斯特菌对食品的污染方面,即必须按照严格的食品生产程序生产,用危害分析与关键控制点原理进行监控。

六、大肠埃希菌食物中毒

(一)病原体

埃希菌属俗称大肠杆菌属,为革兰阴性杆菌。该菌主要存在于人和动物的肠道内,属于肠道的正常菌群,通常不致病。在大肠埃希菌中,也有具有致病性的。当人体的抵抗力降低或食入被大量致病性大肠埃希菌活菌污染的食品时,便会发生食物中毒。引起食物中毒的致病性大肠埃希菌的血清型主要有 O157∶H7、O111∶B4、O55∶B5、O26∶B6、O86∶B7、O124∶B17 等。目前已知的致病性大肠埃希菌包括如下 5 个型:(1) 肠产毒性大肠埃希菌:是婴幼儿和旅游者腹泻的病原菌。(2) 肠侵袭性大肠埃希菌:较少见,主要感染少儿和成年人。(3) 肠致病性大肠埃希菌:是引起流行性婴儿腹泻的病原菌。(4) 肠出血性大肠埃希菌:是 1982 年首次在美国发现的引起出血性肠炎的病原菌,主要感染 5 岁以下的儿童。(5) 肠黏附(集聚)型大肠埃希菌:是新近报道的一种能引起腹泻的大肠埃希菌,能引起婴儿持续性腹泻、脱水(偶有血便)。

(二) 中毒机制

其中毒机制与致病性埃希菌的类型有关。肠产毒性大肠埃希菌、肠出血性大肠埃希菌引起毒素型中毒;肠致病性大肠埃希菌和肠侵袭性大肠埃希菌引起感染型中毒。

(三) 流行病学特点

1. 季节性

多发生在夏秋季。

2. 中毒食品种类

引起中毒的食品种类与沙门菌相同。

(四) 临床表现

临床表现因致病性埃希菌的类型不同而有所不同,主要有以下三种类型:

1. 急性胃肠炎型

主要由肠产毒性大肠埃希菌引起,易感人群主要是婴幼儿和旅游者。潜伏期一般为 10～15h,短者 6h,长者 72h。临床症状为水样腹泻、腹痛、恶心,体温可达 38℃～40℃。

2. 急性菌痢型

主要由肠侵袭性大肠埃希菌引起。潜伏期一般为 48～72h,主要表现为血便或脓黏液血便、里急后重、腹痛、发热。病程 1～2 周。

3. 出血性肠炎型

主要由肠出血性大肠埃希菌引起。潜伏期一般为 3～4d,主要表现为突发性剧烈腹痛、腹泻,先水样便,后血便。病程 10d 左右,病死率为 3%～5%,老年人、儿童多见。

(五) 诊断和治疗

1. 诊断

按《病源性大肠埃希菌食物中毒诊断标准及处理原则》(WS/T 8—1996)

进行诊断。

2. 治疗

主要是对症治疗和支持治疗,对部分重症患者应尽早使用抗生素。首选药物为亚胺培南、美洛匹宁、哌拉西林＋他唑巴坦。

（六）预防措施

大肠埃希菌食物中毒的预防同沙门菌食物中毒的预防。

七、肉毒梭菌食物中毒

（一）病原体

肉毒梭菌为革兰阳性、厌氧、产孢子的杆菌,广泛分布于自然界,特别是土壤中。肉毒梭菌食物中毒是由肉毒梭菌产生的毒素即肉毒毒素所引起的。肉毒毒素是一种毒性很强的神经毒素,对人的致死量为 10^{-9} mg/kg 体重。

（二）中毒机制

肉毒毒素经消化道吸收进入血液后,主要作用于中枢神经系统的脑神经核、神经-肌肉的连接部和自主神经末梢,抑制神经末梢乙酰胆碱的释放,导致肌肉麻痹和神经功能障碍。

（三）流行病学特点

1. 季节性

一年四季均可发生,主要发生在4—5月份。

2. 地区分布

肉毒梭菌广泛分布于土壤、水及海洋中,且不同菌型的分布存在差异。

3. 中毒食品种类

引起中毒的食品种类因地区和饮食习惯的不同而异。以家庭自制植物性发酵品为多见,如臭豆腐、豆酱、面酱等,由罐头瓶装食品、腊肉、酱菜和凉拌菜等引起的中毒也有报道。在新疆察布查尔地区,引起中毒的食品多为家庭自制谷类或豆类发酵食品;在青海,主要为越冬密封保存的肉制品。

（四）临床表现

以运动神经麻痹的症状为主,而胃肠道症状少见。潜伏期为数小时至数天,一般为 12～48d,短者 6h,长者 8～10d。潜伏期越短,病死率越高。临床特征表现为对称性脑神经受损的症状。早期表现为头痛、头晕、乏力、走路不稳,以后逐渐出现视力模糊、眼睑下垂、瞳孔散大等神经麻痹症状。重症患者则首先表现为对光反射迟钝,逐渐发展为言语不清、吞咽困难、声音嘶哑等,严重时出现呼吸困难,常因呼吸衰竭而死亡。病死率为 30%～70%,多发生在中毒后的 4～8d。国内由于广泛采用多价抗肉毒毒素血清治疗本病,病死率已降至 10% 以下。患者经治疗可于 4～10d 恢复,一般无后遗症。

婴儿肉毒中毒的主要症状为便秘、头颈部肌肉软弱、吮吸无力、吞咽困难、眼睑下垂、全身肌张力减退,可持续 8 周以上。大多数在 1～3 个月自然恢复,重症者可因呼吸麻痹而猝死。

(五)诊断和治疗

1. 诊断

按《肉毒梭菌食物中毒诊断标准及处理原则》(WS/T 83—1996)进行诊断。主要根据流行病学调查、特有的中毒表现以及毒素检验和菌株分离结果做出诊断。为了及时救治,在食物中毒现场则主要根据流行病学资料和临床表现进行诊断,不需要等待毒素检验和菌株分离的结果。

2. 治疗

早期使用多价抗肉毒毒素血清,并及时采用支持疗法及进行有效的护理,以预防呼吸肌麻痹和窒息。

(六)预防措施

(1)加强卫生宣教,建议牧民改变肉类的贮藏方式或生吃牛肉的饮食习惯。

(2)对食品原料进行彻底清洁处理,以除去泥土和粪便。家庭制作发酵食品时应彻底蒸煮原料,加热至 100℃,并持续 10～20min,以破坏各型毒素。

(3)加工后的食品应迅速冷却并在低温环境中贮存,避免再污染和在较高温度或缺氧条件下存放,以防止毒素的产生。

(4)食用前对可疑食物进行彻底加热是破坏毒素从而预防中毒发生的可靠措施。

(5)生产罐头食品时,要严格执行卫生规范,彻底灭菌。

八、其他细菌性食物中毒

(一)蜡样芽孢杆菌食物中毒

蜡样芽孢杆菌为革兰阳性、需氧或兼性厌氧芽孢杆菌。蜡样芽孢杆菌在发芽的末期可产生引起人类食物中毒的肠毒素,包括腹泻毒素和呕吐毒素。蜡样芽孢杆菌食物中毒发生的季节性明显,以夏、秋季,尤其是 6—10 月份为多见。引起中毒的食品种类繁多,包括乳及乳制品、肉类制品、蔬菜、米粉、米饭等。在我国引起中毒的食品以米饭、米粉最为常见。食物受蜡样芽孢杆菌污染的机会很多,带菌率较高:肉及其制品为 13%～26%,乳及其制品为 23%～77%,米饭为 10%,豆腐为 4%,蔬菜为 1%。蜡样芽孢杆菌食物中毒为大量活菌侵入肠道所产生的肠毒素所致,临床表现因毒素的不同而分为腹泻型和呕吐型两种。

蜡样芽孢杆菌食物中毒的诊断按《蜡样芽孢杆菌食物中毒诊断标准及处理原则》(WS/T 82—1996)进行;治疗以对症治疗为主,重症者可采用抗生素治疗;预防以减少污染为主。在食品的生产加工过程中,企业必须严格执行食品操作规范。此外,剩饭及其他熟食品只能在10℃以下短时间内贮存,且食用前须彻底加热,一般应在100℃下加热20min。

(二)空肠弯曲菌食物中毒

空肠弯曲菌属螺旋菌科,革兰染色阴性,与人类感染有关的菌种有胎儿弯曲菌胎儿亚种、空肠弯曲菌、大肠弯曲菌,其中与食物中毒密切相关的是空肠弯曲菌空肠亚种。空肠弯曲菌食物中毒部分是大量活菌侵入肠道引起的感染型食物中毒,部分与热敏型肠毒素有关。

空肠弯曲菌食物中毒多发生在5—10月份,以夏季最多见。中毒食品种类主要为牛乳及肉制品等。潜伏期一般为3~5d,短者1d,长者10d。临床表现以胃肠道症状为主,主要表现为突然腹痛和腹泻。腹痛可呈绞痛,腹泻物一般为水样便或黏液便,重症者有血便,腹泻次数达十余次,腹泻物带有腐臭味。体温可达38℃~40℃,特别是当有菌血症时,常出现发热,但也有仅出现腹泻而无发热者。此外,还可出现头痛、倦怠、呕吐等症状,重者可致死亡。集体暴发时,各年龄组均可发病;而在散发的病例中,小儿较成年人多。

可先根据流行病学调查确定发病与食物的关系,再依据临床表现进行初步诊断,然后依据实验室检验资料进行病因诊断。实验室检验包括:① 细菌学检验:按《食品卫生微生物学检验——空肠弯曲菌检验》(GB 4789.9—2008)进行操作;② 血清学试验:采集患者急性期和恢复期血清,同时采集健康人血清作为对照,进行血清学试验。空肠弯曲菌食物中毒患者恢复期血清的凝集效价明显升高,较健康者的高4倍以上。

临床上一般可用抗生素治疗。空肠弯曲菌对红霉素、庆大霉素、四环霉素敏感。此外,尚需对症和支持治疗。空肠弯曲菌不耐热,乳品中的空肠弯曲菌可在巴氏灭菌的条件下被杀死。预防空肠弯曲菌食物中毒要注意避免食用未煮透或灭菌不充分的食品,尤其是乳品。

(三)志贺菌食物中毒

志贺菌属通称为痢疾杆菌,依据O抗原的性质分为4个血清组,即痢疾志贺菌、福氏志贺菌群、鲍氏志贺菌群、宋内志贺菌群。痢疾志贺菌是导致典型细菌性痢疾的病原菌,对敏感人群很少数量就可以致病。目前对痢疾志贺菌的毒性性质了解得较多,而对其他三种志贺菌中毒机制的了解甚少。一般认为,志贺菌食物中毒是由于大量活菌侵入肠道引起的感染型食物中毒。

志贺菌食物中毒多发生于7—10月份。中毒食品主要是凉拌菜。

潜伏期一般为10~20h,短者6h,长者24h。患者常突然出现剧烈的腹痛、呕吐及频繁腹泻,并伴有水样便,便中混有血液和黏液,有里急后重、恶寒、发热,体温可高达40℃以上,有的可出现痉挛。

根据志贺菌食物中毒的流行病学特点,患者有类似菌痢样的症状,粪便中有血液和黏液,可做出诊断。细菌学检验按《食品卫生微生物学检验——志贺菌检验》(GB 4789.5—2003)进行操作。血清凝集试验:宋内志贺菌凝集效价在1:50以上有诊断意义。治疗一般采取对症和支持治疗方法。预防措施同沙门菌食物中毒。

第二节　真菌毒素和霉变食物中毒

一、霉变甘蔗中毒

(一)病原体及中毒原因

霉变甘蔗外观色泽不好、质软,瓤部色泽比正常甘蔗色泽深,一般呈灰黑色、棕褐色或浅棕色,结构疏松,有酸味及酒糟味。将霉变甘蔗切成薄片,在显微镜下可见有真菌菌丝侵染,从霉变甘蔗中分离出的产毒真菌为甘蔗节菱孢霉。甘蔗新鲜时甘蔗节菱孢霉的侵染率仅为0.7%~1.5%,但经过3个月的储藏,侵染率可达34%~56%(因长期贮藏的甘蔗是节菱孢霉的良好培养基)。从产毒节菱孢霉培养物中可分离出节菱孢毒素,其结构为3-硝基丙酸(3-NPA)。

(二)流行病学特点

霉变甘蔗中毒是指食用了因保存不当而霉变的甘蔗引起的食物中毒。甘蔗在不良条件下,经过冬季的长期贮存,由于大量微生物的繁殖引起霉变;此外,在未完全成熟时即收割的甘蔗,还可因其含糖量较低,更有利于霉菌生长繁殖而产生霉变,食用此种霉变甘蔗后,常可引起中毒。霉变甘蔗中毒常发生于我国北方地区的初春季节,2—3月份为发病高峰期。发病者多为儿童和青少年,且病情常较严重,甚至危及生命。

(三)临床表现

3-硝基丙酸具有很强的嗜神经毒性,主要损害中枢神经系统。潜伏期短,最短仅十几分钟,轻度中毒者的潜伏期较长,重度中毒者多在2d内发病。通常潜伏期愈短,症状愈严重。发病初期为一时性消化道功能紊乱,出现恶心、呕吐、腹痛与腹泻,有的大便为黑色。随后出现神经系统症状,如头晕、头痛、眼发黑,出现复视。轻症者可自行恢复。重症者则出现眼球侧向凝视、抽搐,抽搐时四肢强直、屈曲、内旋,手呈鸡爪状,大小便失禁,牙关紧闭,瞳孔散大,口唇及面部发绀,口吐白沫或呈去大脑强直状态,每日发作可多达数十次。随后可进入昏迷状态,体温初期可正常,数天后升高。有的可有巴氏征或克氏征阳性。患者常死于呼吸衰竭。幸存者留有严重的神经系统后遗症。出现后遗症及病死率可达50%左右。后遗症主要为椎体外系神经损害表现,多见于昏迷时间超过1周且急性期脑水肿严重的病例。

(四)治疗与预防

按《变质甘蔗食物中毒诊断标准及处理原则》(WS/T 10—1996)进行诊断和处理。

由于目前对该病尚无特殊的治疗方法,故应加强宣传教育,教育群众不买、不吃霉变的甘蔗。甘蔗必须于成熟后收割,随割、随运,运到快卖。贮存期不可过长,同时应注意防焐、防冻,并定期对甘蔗进行感官检查。入春后,甘蔗不要存放。变质的甘蔗不得出售和食用。

发现中毒后应尽快洗胃、灌肠,以排除毒物;给予控制脑水肿,促进脑功能恢复,改善血液循环,维持水及电解质平衡和防治继发感染等对症与支持治疗。

二、赤霉病麦中毒

赤霉病麦食物中毒是一种真菌性食物中毒,在全国各地均有发生,以淮河和长江中下游地区较为多见。它是由于误食赤霉病麦等引起的以呕吐等为主要症状的一种急性中毒。

(一)病原体及中毒原因

小麦、大麦等感染禾谷镰刀菌后患赤霉病。赤霉病麦麦粒呈灰红色,皮皱缩、无光泽,颗粒不饱满,并有胚芽发红等特征。有人认为,这种含禾谷镰刀菌毒素的病麦麦粒的有毒物质为赤霉烯酮、致呕吐毒素等。该毒素耐高热,加温至60℃持续两天或温度达110℃持续1h,其毒性才可被破坏。用酸处理或进行干燥处理,其毒力不减。用病麦磨粉制成的面制品,虽然经蒸煮,但食后仍可引起中毒。除麦类外,玉米也可感染赤霉病,食后也常发生中毒。进食数量越多,发病率越高,发病程度越严重。赤霉病麦中毒的流行范围、发病程度与麦类赤霉病流行、发生程度呈正相关。

(二)临床表现

人误食赤霉病麦后,发病率一般为33%~79%,并非所有进食者都会发生中毒。多在食后10~30min发病(短者几分钟,长者可达1~2h或5h左右）。轻者仅有头晕、腹胀。较重者出现眩晕、头痛、恶心、呕吐、全身乏力,少数伴有腹痛、腹泻、流涎、颜面潮红或发绀。老、幼、体弱或进食量大者可有呼吸、脉搏、体温及血压波动,并出现四肢酸软、步态不稳、形似醉酒等症状,故有"醉谷病"和"迷昏麦"之称。反复食用病麦者会出现心慌、面部浮肿、流涎、出冷汗。由病麦引起的中毒症状一般均较轻,且潜伏期短,病程也短,并有自愈趋势,预后亦较佳,一般停止食用病麦后 1 ～ 2d 即可恢复,未见死亡报道。对患者可采取对症治疗,严重呕吐者应予以补液。

按《霉变食物中呕吐毒素食物中毒诊断标准及处理原则》(WS/T 11—1996)进行诊断和处理。

（三）预防措施

关键在于防止麦类、玉米等谷物受到真菌的侵染和产毒。

（1）制定粮食中毒素的限量标准,加强粮食的卫生管理。

（2）加强田间管理和粮食贮藏期的防霉工作。粮谷赤霉病主要是由于在田间感染镰刀菌所致,所以首先应注意田间管理,特别在春季低温多雨时。可选用抗霉品种,降低田间水位,改善田间小气候,使用高效、低毒、低残留的杀菌剂,以控制赤霉病情;收获时则应及时脱粒、晾晒或烘干;粮食仓储期间尤应加强通风并勤翻晒,控制粮谷水分在13%以下,以达到防霉目的。

（3）尽量设法去除或减少粮食中的病粒或毒素。① 根据比重不同,用水漂洗可除去大部分病麦,下沉之麦磨粉后食用一般不致中毒。② 由于毒素主要集中于麦粒外层,可将麦粒磨成精粉,即将含毒量高的粮谷外层去除。

（4）感染重的病麦,可用于制作工业淀粉或工业酒精。

三、白薯黑斑病中毒

（一）病原体及中毒原因

白薯黑斑病由茄病腐皮镰刀菌或甘薯长喙壳菌引起。此菌多寄生于白薯伤口、破皮、裂口处。被害白薯病变部位坚硬、凹陷,呈不规则的黑斑块,有苦味,其中含有毒素,经热、煮、蒸、烤均不能破坏其毒性,生吃或熟吃黑斑病白薯都会引起中毒。

（二）临床表现

大多在进食后24h内发病,主要表现为胃肠道和神经系统症状及肌肉颤抖、痉挛,瞳孔散大,嗜睡,昏迷。轻者只有吐泻、腹痛等症状。

（三）预防措施

（1）加强白薯的贮藏保管,防止真菌污染,不使白薯腐烂和发生黑斑病。

（2）避免食用已经变硬、变黑、有苦味的白薯。

第三节 有毒动植物中毒

有毒动植物中毒是指一些动植物本身含有某种天然有毒成分或由于贮存条件不当形成某种有毒物质,被人食用后所引起的中毒。在近年的食物中毒事件中,有毒动植物引起的食物中毒导致的死亡人数较多,应引起注意。

一、河豚中毒

(一)有毒成分的来源

河豚毒素是一种非蛋白质神经毒素,存在于除了河豚肌肉之外的其他所有组织中,其中以卵巢的毒性最强,肝脏次之。每年春季为河豚的卵巢发育期,因而其毒性最强。通常情况下,河豚的肌肉大多不含毒素或仅含少量毒素,但产于南海的河豚肌肉中也含有毒素。另外,不同品种的河豚所含的毒素量相差很大,人工养殖的河豚不含有河豚毒素。

(二)中毒机制及中毒症状

河豚毒素可直接作用于胃肠道,引起局部刺激作用;河豚毒素还可选择性地阻断细胞膜对 Na^+ 的通透性,使神经传导阻断,出现麻痹状态。

河豚中毒的特点是发病急速而剧烈,潜伏期一般为 10min ~ 3h。起初感觉手指、口唇和舌有刺痛,然后出现恶心、呕吐、腹泻等胃肠道症状,同时伴有四肢无力、畏寒,口唇、指尖和肢端知觉麻痹,并有眩晕。重者瞳孔及角膜反射消失,四肢肌肉麻痹,以致身体摇摆、共济失调,甚至全身麻痹、瘫痪,最后出现言语不清、血压和体温下降。一般预后较差。由于河豚毒素在体内排泄较快,中毒后若超过 8h 未死亡,一般可恢复正常。

(三)流行病学特点

河豚中毒多发生在沿海地区,以春季最多见。

(四)急救与治疗

河豚毒素中毒尚无特效解毒药,一般以排出毒物和对症处理为主。

(1)催吐、洗胃、导泻,及时清除未吸收的毒素。

(2)大量补液及利尿,促进毒素排泄。

(3)早期给以大剂量激素和莨菪碱类药物。

(4)支持呼吸、循环功能。

(五)预防措施

(1)加强卫生宣传教育。首先,让广大居民认识到野生河豚有毒,不要食用;其次,让广大居民会识别河豚,以防误食。

(2) 水产品收购、加工、供销等部门应严格把关,防止鲜野生河豚进入市场或混进其他水产品中。

(3) 采用河豚去毒工艺对河豚进行加工处理。活河豚加工时先断头、放血(尽可能放净)、去内脏、去鱼头、扒皮,肌肉经反复冲洗,直至完全洗去血污为止,经专职人员检验,确认无内脏、无血水残留,做好记录后方可供食用。对所有废弃物和冲洗下来的血水经处理去毒后再排放。

二、鱼类引起的组胺中毒

鱼类引起组胺中毒的主要原因是食用了某些不新鲜的鱼类(含有较多的组胺),同时也与个人过敏性体质有关。组胺中毒是一种过敏性食物中毒。

(一) 有毒成分的来源

海产鱼类中的青皮红肉鱼,如鲣鱼、参鱼、鲐巴鱼、鱼师鱼、竹夹鱼、金枪鱼等鱼体中含有较多的组氨酸。当鱼体不新鲜或腐败时,可产生自溶作用,组氨酸被释放出来。一般认为,鱼体中组胺含量超过 200mg/100g 即可引起中毒。也有食用虾、蟹等之后发生组胺中毒的报道。

(二) 中毒机制及中毒症状

组胺是一种生物胺,可导致支气管平滑肌强烈收缩,引起支气管痉挛;循环系统表现为局部或全身毛细血管扩张,患者出现低血压、心律失常,甚至心脏骤停。

组胺中毒的临床表现特点是发病急、症状轻、恢复快。在食鱼后 10min ~ 2h 内可出现面部、胸部及全身皮肤潮红和热感,全身不适,眼结膜充血并伴有头痛、头晕、恶心、腹痛、腹泻、心跳过速、胸闷、血压下降、心律失常甚至心脏骤停。有时可出现荨麻疹、咽喉烧灼感,个别患者可出现哮喘。一般体温正常,大多在 1 ~ 2d 内恢复健康。

(三) 流行病学特点

组胺中毒在国内外均有报道,多发生在夏秋季。在温度 15℃ ~ 37℃、有氧、弱酸性(pH6.0 ~ 6.2)和渗透压不高(盐分含量 3% ~ 5%)的条件下,组氨酸易于分解形成组胺,引起中毒。

(四) 急救与治疗

一般可采用抗组胺药物和对症治疗的方法。常用药物为口服盐酸苯海拉明,或静脉注射 10% 的葡萄糖酸钙,同时口服维生素 C。

(五) 预防措施

(1) 防止鱼类腐败变质,禁止出售腐败变质的鱼类。

(2) 鱼类食品必须在冷冻条件下贮藏和运输,以防产生组胺。

（3）避免食用不新鲜或腐败变质的鱼类食品。

（4）对于易产生组胺的青皮红肉鱼类，在烹调前可采取一些去毒措施。首先应彻底刷洗鱼体，去除鱼头、内脏和血块，然后将鱼体切成两半后用冷水浸泡。在烹调时加入少许醋或雪里蕻或红果，可使鱼中组胺含量下降65%以上。

（5）制定鱼类食品中组胺最大允许含量标准。我国规定鲐鱼的组胺最大允许含量低于100mg/100g，其他含组胺的鱼类低于30mg/100g。

三、麻痹性贝类中毒

麻痹性贝类中毒是指由贝类毒素所引起的食物中毒。麻痹性贝类毒素是一种毒性极强的海洋毒素，其中毒特点为神经麻痹，故称为麻痹性贝类中毒。

（一）有毒成分的来源

藻类是贝类毒素的直接来源。当贝类食入有毒的藻类（如双鞭甲藻、膝沟藻科的藻类等）后，其所含的有毒物质即进入贝体内，对贝类本身没有毒性，但人摄入后，会出现毒性作用。与藻类共生的微生物也可产生贝类毒素。

（二）中毒机制及中毒症状

石房蛤毒素为神经毒，其中毒机制是对细胞膜 Na^+ 通道的阻断造成了神经系统传导障碍而产生麻痹作用。该毒素的毒性很强。

麻痹性贝类中毒的潜伏期短，仅数分钟至20分钟。开始为唇、舌、指尖麻木，随后颈部、腿部麻痹，最后运动失调。可伴有头痛、头晕、恶心和呕吐，最后出现呼吸困难。膈肌对此毒素特别敏感，重症者常在2~24h内因呼吸麻痹而死亡，病死率为5%~18%。但若病程超过24h，则预后良好。

（三）流行病学特点

麻痹性贝类中毒在全世界均有发生，有明显的地区性和季节性，以夏季、沿海地区多见。因为这一季节易发生赤潮，而且也容易捕获贝类。

（四）急救与治疗

麻痹性贝类毒素的毒性极强，纯石房蛤毒素0.5mg即可致人死亡。目前对贝类中毒尚无有效解毒剂，有效的抢救措施是尽早采取催吐、洗胃、导泻的方法，及时去除毒素，同时对症治疗。

（五）预防措施

主要预防措施是进行预防性监测。当发现贝类生长的海水中有大量海藻存在时，应测定捕捞的贝类所含的毒素量。美国FDA规定，新鲜、冷冻和生产罐头食品的贝类中，石房蛤毒素最高允许含量不应超过80μg/100g。

四、毒蕈中毒

蕈类通常称蘑菇，属于真菌植物。我国有可食用蕈300多种，毒蕈100多种,其中含剧毒、能对人致死的有 10 多种。毒蕈与可食用蕈不易区别,常因误食而中毒。

（一）有毒成分的来源

不同类型的毒蕈含有不同的毒素,也有一些毒蕈同时含有多种毒素。

1. 胃肠毒素

含有这种毒素的毒蕈很多,主要为黑伞蕈属和乳菇属的某些蕈种。

2. 神经、精神毒素

神经、精神毒素存在于毒蝇伞、豹斑毒伞、角鳞灰伞、臭黄菇及牛肝菌等毒蘑菇中。

3. 溶血毒素

鹿花蕈也叫马鞍蕈,含有马鞍蕈酸,有强烈的溶血作用。

4. 肝肾毒素

引起此型中毒的毒素有毒肽类、毒伞肽类、鳞柄白毒肽类、非环状肽等。这类毒素主要存在于毒伞属蕈、褐鳞小伞蕈及秋生盔孢伞蕈中。此类毒素有剧毒,一旦发生中毒,应及时抢救。

5. 类光过敏毒素

在胶陀螺（又称猪嘴蘑）中含有光过敏毒素。

（二）流行病学特点及中毒症状

毒蕈中毒在云南、广西、四川三省区发生的起数较多,多发生于春季和夏季。在雨后,气温开始上升,毒蕈迅速生长,常由于不认识毒蕈而采摘食用,引起中毒。

毒蕈中毒的临床表现各不相同,一般分为以下几类:

1. 胃肠型

毒素主要刺激胃肠道,引起胃肠道炎症反应。经过适当处理可迅速恢复,一般病程 2～3d,很少死亡。

2. 神经精神型

潜伏期为 1～6h。临床症状除有轻度的胃肠道反应外,主要有明显的副交感神经兴奋症状。

3. 溶血型

中毒潜伏期多为 6～12h。红细胞大量破坏,引起急性溶血。病程一般 2～6d。病死率低。

4. 肝肾损害型

此型中毒最严重,可损害人体的肝、肾、心脏和神经系统,其中肝脏受损最严重,可导致中毒性肝炎。此型病情凶险而复杂,病死率非常高。按其病情发展一般可分为 6 期,即潜伏期、胃肠炎期、假愈期、内脏损害期、精神症状期、恢复期。

5. 类光过敏型

误食后可出现类似日光性皮炎的症状。在身体暴露部位出现明显的肿胀、疼痛,特别是嘴唇肿胀、外翻;另外还有指尖疼痛、指甲根部出血等表现。

（三）急救与治疗

（1）及时催吐、洗胃、导泻、灌肠,迅速排出毒物。

（2）对各型毒蕈中毒根据不同症状和毒素情况采取不同的治疗方案。胃肠炎型可按一般食物中毒处理;神经精神型可采用阿托品治疗;溶血型可用肾上腺皮质激素治疗,一般状态差或出现黄疸者,应尽早应用较大量的氢化可的松,同时给予保肝治疗;肝肾型可用二巯基丙磺酸钠治疗,以保护体内含巯基酶的活性。

（3）对症治疗和支持治疗。

（四）预防措施

预防毒蕈中毒最根本的方法是不要采摘自己不认识的蘑菇食用;毒蕈与可食用蕈很难鉴别,民间百姓有一定的鉴定经验,如在阴暗肮脏处生长的、颜色鲜艳的、形状怪异的、分泌物浓稠易变色的、有辛辣酸涩等怪异气味的蕈类一般为毒蕈。但以上经验不够完善,仅供参考。

五、含氰苷类食物中毒

含氰苷类食物中毒是指因食用苦杏仁、桃仁、李子仁、枇杷仁、樱桃仁、木薯等含氰苷类食物而引起的食物中毒。

（一）有毒成分的来源

含氰苷类食物中毒的有毒成分为氰苷,其中苦杏仁含量最高。木薯中亦含有氰苷。当果仁在口腔中咀嚼和在胃肠内进行消化时,氰苷被果仁所含的水解酶水解,释放出氢氰酸并迅速被黏膜吸收入血而引起中毒。

（二）中毒机制及中毒症状

氢氰酸的氰离子可与细胞色素氧化酶中的铁离子结合,使呼吸酶失去活性,氧不能被组织细胞利用导致组织缺氧而陷于窒息状态。另外,氢氰酸可直接损害延髓的呼吸中枢和血管运动中枢。苦杏仁氰苷有剧毒,对人的最小致死量为 0.4~1.0mg/kg 体重,约相当于 1~3 粒苦杏仁。

苦杏仁中毒的潜伏期为 0.5~12h,一般 1.0~2.0h。木薯中毒的潜伏期为 2.0~12h,一般为 6.0~9.0h。

苦杏仁中毒时,可出现口中苦涩、流涎、头晕、头痛、恶心、呕吐、心悸、四肢无力等表现。较重者可出现胸闷、呼吸困难,呼吸时可嗅到苦杏仁味。严重者出现意识不清、呼吸微弱、昏迷、四肢冰冷,常发生尖叫,继之意识丧失、瞳孔散大、对光反射消失、牙关紧闭、全身阵发性痉挛,最后可因呼吸麻痹或心脏停搏而死亡。此外,还可引起多发性神经炎。

木薯中毒的临床表现与苦杏仁中毒的表现相似。

(三)流行病学特点

苦杏仁中毒多发生在杏子成熟的初夏季节,儿童中毒多见,常因儿童不知道苦杏仁的毒性食用后引起中毒,还有因为吃了加工不彻底、未完全消除毒素的凉拌杏仁造成的中毒。

(四)急救与治疗

按照《含氰苷类食物中毒诊断标准及处理原则》(WS/T 5—1996)进行诊断和处理。

1. 催吐

可用5%的硫代硫酸钠溶液洗胃。

2. 解毒治疗

首先吸入亚硝酸异戊酯0.2mL,每隔1~2min一次,每次15~30s。数次后,改为缓慢静脉注射亚硝酸钠溶液,成人用浓度为3%的溶液,小儿用浓度为1%的溶液,每分钟2~3mL。然后静脉注射新配制的50%硫代硫酸钠溶液25~50mL,小儿用20%的硫代硫酸钠溶液,每次0.25~0.5mL/kg体重。如果症状仍未改善,重复静注硫代硫酸钠溶液,直到病情好转。

3. 对症治疗

根据病人情况给予吸氧,应用呼吸兴奋剂、强心剂及升压药等。对重症患者可静脉滴注细胞色素C。

(五)预防措施

1. 加强宣传教育

向广大居民(尤其是儿童)进行宣传教育,勿食苦杏仁等果仁,包括干炒果仁。

2. 采取去毒措施

加水煮沸可使氢氰酸挥发,可将苦杏仁等制成杏仁茶、杏仁豆腐。木薯所含氰苷90%存在于皮内,因此通过去皮、蒸煮等方法可使氢氰酸挥发掉。

六、粗制棉籽油棉酚中毒

棉籽加工后的主要产品为棉籽油。棉籽未经蒸炒加热直接榨油,所得油即为粗制生棉籽油。粗制生棉籽油色黑、黏稠,含有毒物质,食用后可引起急性或慢性棉酚中毒。

（一）有毒成分的来源

粗制生棉籽油中主要含有棉酚、棉酚紫和棉酚绿三种有毒物质，其中以游离棉酚含量最高，可高达 24% ~40%。

（二）中毒机制及中毒症状

游离棉酚是一种毒苷，为血液毒和细胞原浆毒，可损害人体肝、肾、心等实质器官及血管、神经系统等，并损害生殖系统。

棉酚中毒的发病，有急性与慢性之分。急性棉酚中毒表现为恶心、呕吐、腹胀、腹痛、便秘、头晕、四肢麻木、周身乏力、嗜睡、烦躁、畏光、心动过缓、血压下降，进一步可发展为肺水肿、黄疸、肝性脑病、肾功能损害，最后可因呼吸循环衰竭而死亡。

慢性中毒的临床表现主要有以下三个方面：

（1）引起"烧热病"。长期食用粗制棉籽油可出现疲劳乏力、皮肤潮红、烧灼难忍、口干、无汗或少汗、皮肤瘙痒、四肢麻木、呼吸急促、胸闷等症状。

（2）生殖功能障碍。棉酚对生殖系统有明显的损害。

（3）引起低血钾。

（三）流行病学特点

棉酚中毒有明显的地区性，主要见于产棉区食用粗制棉籽油的人群。我国湖北、山东、河北、河南、陕西等产棉区均发生过急性或慢性中毒。本病在夏季多发，日晒及疲劳常为发病诱因。

（四）急救与治疗

目前尚无特效解毒剂治疗棉酚中毒，一般给予对症治疗，并采取以下急救措施：

（1）立即刺激咽后壁，诱导催吐。

（2）口服大量糖水或淡盐水稀释毒素，并服用大量维生素 C 和 B 族维生素。

（3）对症处理。对有昏迷、抽搐的患者，应由专业护理人员清除口腔内毒物，保持呼吸道畅通。

（五）预防措施

（1）加强宣传教育，勿食粗制生棉籽油。

（2）由于棉酚在高温条件下易分解，可采取榨油前将棉籽粉碎，经蒸炒加热后再榨油的方法，这样榨出的油再经过加碱精炼，棉酚可逐渐被分解、破坏。

（3）加强对棉籽油中棉酚含量的监测、监督与管理。我国规定棉籽油中棉酚含量不得超过 0.02%，超过此标准的棉籽油不得出售。

（4）开发研制低酚的棉花新品种。

七、其他有毒动植物中毒

其他有毒动植物中毒见表7-1。

表7-1　其他有毒动植物中毒

名称	有毒成分	临床特点	急救处理	预防措施
动物甲状腺中毒	甲状腺素	潜伏期 10～24h，有头痛、乏力、烦躁、抽搐、震颤、脱发、脱皮、多汗、心悸等表现	应用抗甲状腺素药、促肾上腺皮质激素，以及对症处理	加强兽医检验，屠宰牲畜时除净甲状腺
动物肝脏中毒（狗、鲨鱼、海豹、北极熊等）	大量维生素 A	潜伏期 0.5～12h，有头痛、恶心、呕吐、腹部不适、皮肤潮红、脱皮等表现	对症处理	含大量维生素 A 的动物肝脏不宜过量食用
发芽马铃薯中毒	龙葵素	潜伏期数分钟至数小时，有咽部瘙痒、发干、胃部烧灼、恶心、呕吐、腹痛、腹泻等表现，可伴头晕、耳鸣、瞳孔散大	催吐、洗胃及对症处理	马铃薯贮存干燥阴凉处。食用前挖去芽眼、削皮，烹调时加醋
四季豆（扁豆）中毒	皂素、植物血凝素	潜伏期 1～5h，有恶心、呕吐、腹痛、腹泻、头晕、出冷汗等表现	对症处理	扁豆煮熟煮透至失去原有的绿色
鲜黄花菜中毒	类秋水仙碱	潜伏期 0.5～4h，有呕吐、腹泻、头晕、头痛、口渴、咽干等表现	洗胃及对症处理	鲜黄花菜须用水浸泡或用开水烫后弃水，炒煮后食用
有毒蜂蜜中毒	钩藤属植物的生物碱	潜伏期 1～2d，有口干、舌麻、恶心、呕吐、头痛、心慌、腹痛、肝大、肾区疼痛等表现	输液、保肝及对症处理	加强蜂蜜检验，防止有毒蜂蜜进入市场
白果中毒	银杏酸、银杏酚	潜伏期 1～12h，有呕吐、腹泻、头痛、恐惧感、惊叫、抽搐、昏迷等表现，甚至死亡	催吐、洗胃、灌肠及对症处理	白果须去皮加水煮熟、煮透并弃水后再食用

第四节　化学性食物中毒

化学性食物中毒是指由于食用了被有毒有害化学物污染的食品、被误认为是食品及食品添加剂或营养强化剂的有毒有害物质、添加了非食品级的、伪造的、禁止食用的食品添加剂或营养强化剂的食品、超量使用了食品添加剂的食品或营养素发生了化学变化的食品等引起的食物中毒。

一、亚硝酸盐中毒

（一）中毒机制

亚硝酸盐中毒是由于食用硝酸盐或亚硝酸盐含量较高的腌制肉制品、泡菜或变质的蔬菜引起的，或者误将工业用亚硝酸钠作为食盐食用而引起的，也可见于饮用含有硝酸盐或亚硝酸盐苦井水、蒸锅水后。亚硝酸盐能使血液中正常携氧的低铁血红蛋白氧化成高铁血红蛋白，因而失去携氧能力，引起组织缺氧。

（二）流行病学特点及中毒症状

亚硝酸盐食物中毒全年均有发生，多数因误将工业用亚硝酸钠作为食盐食用而引起，多发生在农村或集体食堂。亚硝酸盐中毒发病急，潜伏期一般为 1~3h，短者 10min，大量食用蔬菜引起的中毒可长达 20h。中毒症状以发绀为主，皮肤黏膜、口唇、指甲下最明显；还有头痛、头晕、心率加快、恶心、呕吐、腹痛、腹泻、烦躁不安等表现。严重者有心律不齐、昏迷或惊厥等表现，常死于呼吸衰竭。

（三）治疗

1. 吸氧

亚硝酸盐是一种氧化剂，可使正常低铁血红蛋白氧化成高铁血红蛋白，失去输氧能力而使组织缺氧，因此应立即给予吸氧处理。

2. 催吐、导泻、洗胃

如果中毒时间短，还应及时予以催吐、导泻和洗胃等处理。

3. 美蓝（亚甲蓝）的应用

亚甲蓝是亚硝酸盐中毒的特效解毒剂，能还原高铁血红蛋白，恢复正常输氧功能。用量以每千克体重 1~2mg 计算。同时高渗葡萄糖可提高血液渗透压，能增加解毒功能，并有短暂利尿作用。

4. 对症处理

对于有心肺功能受损的患者，还应对症处理，如应用呼吸兴奋剂、抗心律失常药等。

5. 营养支持

病情平稳后,给予能量合剂、维生素 C 等进行支持治疗。

(四) 预防措施

(1) 加强对集体食堂尤其是学校食堂、工地食堂的管理,将亚硝酸盐和食盐分开贮存,避免误食。

(2) 肉类食品企业要严格按国家《食品添加剂使用标准》(GB 2760—2014)的规定添加硝酸盐和亚硝酸盐,肉制品中硝酸盐(包括硝酸钠、硝酸钾)使用量不得超过 0.5g/kg,最终残留量(以亚硝酸钠计)不得超过 30mg/kg;亚硝酸盐(包括亚硝酸钠、亚硝酸钾)使用量不得超过 0.15g/kg,最终残留量(以亚硝酸钠计)在不同食品中的要求不同,但大多不得超 30mg/kg。

(3) 保持蔬菜的新鲜,勿食存放过久或变质的蔬菜;剩余的熟蔬菜不可在高温下存放过久;腌菜时所加盐的含量应达到 12% 以上,至少需腌渍 15d 以上才能食用。

(4) 尽量不用苦井水煮饭。如果不得不用,应避免用长时间保温的水来煮饭菜。

二、有机磷农药中毒

(一) 中毒机制

有机磷农药的种类很多,根据其毒性强弱分为高毒、中毒、低毒三类。有机磷农药进入人体后抑制胆碱酯酶活性,导致以乙酰胆碱为传导介质的胆碱能神经处于过度兴奋状态,从而出现中毒症状。引起中毒的原因如下:误食用农药拌过的种子或误把有机磷农药当作酱油或食用油而食用,或把盛过农药的容器再盛食用油、酒以及其他食物等引起中毒;喷洒过农药的瓜果、蔬菜,未经安全间隔期即采摘食用,可造成中毒;误食被农药毒杀的家禽、家畜。

(二) 流行病学特点及中毒症状

全年均可发生,但因夏秋季节害虫繁殖快,农药使用量大,故夏秋季的发生率高于冬春季;南方比北方严重,农村高于城市。中毒的潜伏期一般在 2h 以内,误服农药纯品者可立即发病,在短期内引起以全血胆碱酯酶活性下降,出现毒蕈碱、烟碱样和中枢神经系统症状为主的全身症状。根据中毒症状的轻重可将急性中毒分为三度。

1. 急性轻度中毒

进食后短期内出现头晕、头疼、恶心、呕吐、多汗、胸闷、无力、视力模糊等表现,瞳孔可能缩小。全血胆碱酯酶活力一般为 50% ~70%。

2. 急性中度中毒

除上述症状外,还出现肌束震颤、瞳孔缩小、轻度呼吸困难、流涎、腹痛、步履蹒跚、意识清楚或模糊。全血胆碱酯酶活力一般为30%~50%。

3. 急性重度中毒

除有上述症状外,若还出现下列情况之一,可诊断为重度中毒:(1)肺水肿;(2)昏迷;(3)脑水肿;(4)呼吸麻痹。全血胆碱酯酶活力一般在30%以下。

（三）治疗措施

按《食源性急性有机磷农药中毒诊断标准及处理原则》(WS/T 85—1996)确诊后做相应的处理。

(1)迅速排出毒物。迅速对中毒者催吐、洗胃。必须反复、多次洗胃,直至洗出液中无有机磷农药臭味为止。

(2)应用特效解毒药。轻度中毒者可单独给予阿托品,中度或重度中毒者需要阿托品和胆碱酯酶复能剂(如解磷定、氯解磷定)两者并用。

(3)对症治疗。

(4)急性中毒者临床表现消失后,应继续观察3~7d,以防病情突变。

（四）预防措施

在遵守《农药安全使用标准》的基础上,应特别注意以下几点:

(1)有机磷农药必须由专人保管,必须有固定的专用贮存场所,其周围不得存放食品。

(2)喷药及拌种用的容器应专用,配药及拌种的操作地点应远离畜圈、饮水源和瓜菜地,以防污染。

(3)喷洒农药必须穿工作服,戴手套、口罩,并在上风向喷洒,喷药后须用肥皂洗净手、脸,方可吸烟、饮水和进食。

(4)喷洒农药及收获瓜、果、蔬菜,必须遵守安全间隔期。

(5)禁止食用因有机磷农药中毒致死的各种畜禽。

(6)禁止孕妇、乳母参加喷洒农药工作。

三、砷中毒

（一）中毒机制

砷是有毒的类金属元素。无机砷化合物一般都有剧毒,As^{3+}的毒性大于As^{5+}。引起中毒的原因如下:误将砒霜当成食用碱、面粉、糖、食盐等加入食品,或误食用含砷农药拌过的种粮、水果及毒死的畜禽肉等引起中毒;不按规定滥用含砷农药喷洒果树和蔬菜,造成水果、蔬菜中砷的残留量过高,喷洒含砷农药后不洗手即直接进食等；盛过含砷化合物的容器、用具，不经清洗直接用于盛装或运送食物，致使食品被砷污染；食品工业用原料或添加剂质量不合格，砷含量超过食品卫生标准。

（二）流行病学特点及中毒症状

砷中毒多发生在农村，夏秋季多见，常由于误用或误食而引起中毒。砷中毒的潜伏期短者仅为十几分钟至数小时。患者口腔内和咽喉部有烧灼感，出现口渴及吞咽困难，口中有金属味。随后出现恶心、反复呕吐，甚至吐出黄绿色胆汁。重者出现呕血、腹泻，初期稀便呈米泔样并混有血液。继而出现全身衰竭、脱水、体温下降、虚脱、意识丧失。肝肾损害可出现黄疸、蛋白尿、少尿等表现。重症患者可出现神经系统症状，如果头痛、狂躁、抽搐、昏迷等。如果抢救不及时，可因呼吸中枢麻痹而于发病 $1\sim2d$ 内死亡。

（三）治疗措施

1. 尽快排出毒物

采用催吐、洗胃的办法使毒物尽快排出，然后立即口服氢氧化铁。因为氢氧化铁可与三氧化二砷结合形成不溶性砷酸盐，从而保护胃肠黏膜并防止砷化合物的吸收。

2. 及时应用特效解毒剂

特效解毒剂有二巯基丙磺酸钠、二巯丙醇等。此类药物的巯基与砷有很强的结合力，能夺取组织中与酶结合的砷，形成无毒物质并随同尿液排出。一般首选二巯基丙磺酸钠，因为它吸收快、解毒作用强、毒性小。

3. 对症处理

应注意纠正水、电解质紊乱。

（四）预防措施

（1）对含砷化合物及农药要健全管理制度，实行专人专库、领用登记制度。农药不得与食品混放、混装。

（2）盛装含砷农药的容器、用具必须有鲜明、易识别的标志，并标明"有毒"字样，并不得再用于盛装食品。拌过农药的粮种亦应专库保管，防止误食。

（3）对因砷中毒而死亡的家禽家畜，应深埋销毁，严禁食用。

（4）砷酸钙、砷酸铅等农药用于防治蔬菜、果树害虫时，于收获前半个月内停止使用，以防蔬菜水果农药残留量过高；喷洒农药后必须洗净手和脸后才能吸烟或进食。

（5）食品加工过程中所使用的原料、添加剂等的砷含量不得超过国家允许标准。

四、锌中毒

（一）中毒机制

锌是人体所必需的微量元素，但锌的供给量与中毒剂量相距很近，即安全范围很窄。如果摄入过量，则可引起食物中毒。儿童对锌盐更敏感，易于发生中毒。发生锌中毒的主要原因是使用镀锌容器存放酸性食品和饮料。

（二）流行病学特点及中毒症状

国内曾报告几起由于使用锌桶盛装食醋、大白铁壶盛放酸梅汤和清凉饮料而引起的锌中毒事件。锌中毒潜伏期很短，仅数分钟至1h。临床上主要表现为胃肠道刺激症状，如持续恶心、呕吐、上腹部绞痛、口中烧灼感及麻辣感，伴有眩晕及全身不适。体温不升高，甚至降低。严重者可因剧烈呕吐、腹泻而虚脱。病程短，数小时至1d即可痊愈。

（三）治疗措施

对误服大量锌盐者可用1%的鞣酸溶液、50%～70%的活性炭或1∶2000的高锰酸钾溶液洗胃。如果呕吐物中带血，应避免用胃管及催吐剂。可酌情服用硫酸钠导泻，口服牛奶以沉淀锌盐。必要时通过输液来纠正水和电解质紊乱，并给以巯基解毒剂。对慢性中毒者，还应尽快停止服用锌制剂。

食源性疾病暴发调查

食源性疾病是目前我国头号食品安全问题。全球每年发生 40 亿至 60 亿例食源性腹泻，发展中国家每年有 1800 万人死于食源性腹泻，但其中并未包括中国的统计资料。根据世界卫生组织估计，发达国家食源性疾病的漏报率在 90% 以上，而发展中国家则在 95% 以上，我国掌握的食物中毒数据仅为实际情况的"冰山一角"。

根据《卫生部办公厅关于 2012 年全国食物中毒事件情况的通报》，通过突发公共卫生事件网络直报系统共收到全国食物中毒类突发公共卫生事件（以下简称食物中毒事件）报告 174 起，中毒 6685 人，死亡 146 人，无特别重大和重大级别食物中毒事件报告。与 2011 年网络直报数据相比，报告起数和中毒人数分别减少 7.9% 和 19.7%，死亡人数增加 6.6%。2012 年 5—10 月食物中毒事件报告起数、中毒人数和死亡人数分别占全年总数的 70.1%、61.4% 和 79.4%。

根据《卫生部办公厅关于 2013 年全国食物中毒事件情况的通报》，通过突发公共卫生事件网络直报系统共收到全国食物中毒类突发公共卫生事件（以下简称食物中毒事件）报告 152 起，中毒 5559 人，死亡 109 人。与 2012 年同期相比，报告起数减少 12.6%，中毒人数减少 16.8%，死亡人数减少 25.3%。2013 年无重大及以上级别食物中毒事件报告；报告较大级别食物中毒事件 76 起，中毒 1099 人，死亡 109 人；报告一般级别食物中毒事件 76 起，中毒 4460 人。

可见，我国每年发生食物中毒的起数、中毒人数及死亡人数都不容乐观，它作为最严重的食品安全事件危害着人民的身体健康和社会公共安全。

第一节 食物中毒报告

本书所述的"食物中毒",不是普通百姓通常意义上所理解的食物中毒。一般老百姓认为,自己吃了不洁或可疑食物后出现腹泻、腹痛、发热、头痛等症状(个别行为和现象,而非群体性行为、现象),即发生了食物中毒。这是普遍存在的对食物中毒的认识误区。准确地说,这是发生了食源性疾病,而非食物中毒。

食物中毒常呈集体性,患者有进食同一污染食物史,临床症状基本相同,且在相近时间段发病。这是食物中毒的基本特征。

一、什么是食物中毒

(一) 定义

根据《食物中毒诊断标准及技术处理总则》(GB14938—94),食物中毒是指摄入了含有生物性、化学性有毒有害物质的食品或者把有毒有害物质当作食品摄入后出现的非传染性(不属于传染病)的急性、亚急性疾病。

根据《中华人民共和国食品安全法》,食物中毒是指食用被有毒有害物质污染的食品或者食用含有毒有害物质的食品后出现的急性、亚急性疾病。

随着人们对食物引起疾病认识的加深,"食源性疾病"这一概念已经渐渐代替了"食物中毒"一词,前者表示经食物引起的各种疾病。WHO 对食源性疾病的定义为:食源性疾病是指通过摄食进入人体内的各种致病因子引起的、通常具有感染性质或中毒性质的一类疾病。《中华人民共和国食品安全法》中关于食源性疾病的定义为:指食品中致病因素进入人体后所引起的感染性、中毒性等疾病。即只要是通过食物使病原物质进入人体内并引起的疾病都被认为是食源性疾病。可见食物中毒属于食源性疾病范畴,是最常见的食源性疾病;食物中毒不包括食源性肠道传染病(如甲型肝炎、痢疾、伤寒)和寄生虫病(如蛔虫、绦虫等)、因暴饮暴食引起的急性胃肠炎,也不包括长期小剂量摄入某些有毒有害物质引起的以慢性毒害为主要特征(如致畸、致突变、致癌)的疾病。

《中华人民共和国食品安全法》中关于食品安全事故的定义为:指食物中毒、食源性疾病、食品污染等源于食品,对人体健康有危害或者可能有危害的事故。

综上所述,定义范畴由大到小依次为食品安全事故、食源性疾病、食物中毒。

（二）食物中毒的发病特点

食物中毒常呈集体性暴发，其种类很多，原因各异，但发病具有如下共同特点：

（1）发病潜伏期短（一般在24h或48h内）而集中，发病急剧，呈暴发性。短时间内多人同时发病，所以发病曲线呈突然上升的趋势。因为食物中毒表现为急性病理变化，潜伏期较短，发病突然。某些化学性食物中毒，如农药中毒、亚硝酸盐中毒，在进食后十多分钟到数十分钟即可发病；细菌性食物中毒一般也在数小时至48h内发病，呈集体性暴发的食物中毒在短期内很快形成发病高峰。

（2）中毒者一般具有相似的临床表现，常常以恶心、呕吐、腹痛、腹泻等胃肠道症状为主。这些人进食的是同一种中毒食品，病源相同，因此患者的临床症状也基本相同。由于个体差异，其临床症状可能有些差异。例如，大多数细菌性食物中毒以急性胃肠道症状为主要表现。

（3）中毒者有食用同一污染食物史。发病与患者在相近的时间内都食用过同样的食物有关，不食者不发病；波及范围与污染食物供应范围一致，即患者局限在食用该污染食物的人群；停止供应该污染食物后发病即终止，发病曲线在突然上升之后呈突然下降趋势。

（4）人与人之间无直接传染。食物中毒者对健康人不具有传染性，患者之间也不会相互传染。一般无传染病流行时的余波。

在发病原因中，由致病菌引起者所占比例最高；有季节性发生的特点，夏秋季节是发生食物中毒的高峰；从食品因素看，被污染的动物性食品是引起食物中毒的主要食品类别。食物中毒的上述三个特点也是预防食物中毒的重点。

（三）食物中毒的流行病学特点

1. 发病的季节性

食物中毒发生的季节性与食物中毒的种类有关。细菌性食物中毒主要发生在5—10月份，化学性食物中毒全年都可发生。

2. 发病的地区性

绝大多数食物中毒的发生都有明显的地区性。例如，我国东南沿海省份及地区多发生副溶血性弧菌食物中毒及河豚中毒，肉毒中毒主要发生在新疆等地区，霉变甘蔗中毒和酵米面食物中毒多见于北方地区，木薯中毒多发生于广东、广西等南方地区等。

3. 引起食物中毒的食品种类分布

1997—1998年全国食物中毒的统计资料表明，动物性食物引起的食物中毒占食物中毒总起数的40.1%，占总人数的44.9%；植物性食物引起的食物中毒占总起数的 42.4% ,占总人数的 39.3%。

根据《国家卫生计生委办公厅关于 2013 年全国食物中毒事件情况的通报》,2013 年有毒动植物及毒蘑菇引起的食物中毒事件报告起数和死亡人数最多,中毒因素包括毒蘑菇、乌头碱、未煮熟的四季豆和豆浆、钩吻、木薯、黄花菜、野生蜂蜜和蜂蛹等,其中毒蘑菇引起的食物中毒事件占该类事件总起数的 55.7%。

引起食物中毒的食品种类以动物性食品或有毒动植物为主。

4. 食物中毒的原因分布特点

根据《国家卫生计生委办公厅关于关于 2013 年全国食物中毒事件情况的通报》,从食物中毒事件原因来看,2013 年微生物性食物中毒事件的中毒人数最多,主要是由沙门菌、副溶血性弧菌、金黄色葡萄球菌及其肠毒素、大肠埃希菌、蜡样芽孢杆菌、志贺菌及变形杆菌等引起的细菌性食物中毒。化学性食物中毒事件的中毒因素包括亚硝酸盐、农药、甲醇及氰化物等,其中亚硝酸盐和农药引起的食物中毒事件占该类事件总起数的 79%。

一般来说,细菌性食物中毒的起数、中毒人数都占多数。

(四) 食物中毒的分类

一般按照病原物质分类,可将食物中毒分为以下五类:

1. 细菌性食物中毒

细菌性食物中毒是指因摄入含有细菌或细菌毒素的食品而引起的食物中毒。细菌性食物中毒是食物中毒中最多见的一类,发病率通常较高,但病死率较低。发病有明显的季节性,5—10 月份最多。

2. 真菌及其毒素食物中毒

真菌及其毒素食物中毒是指因食用被真菌及其毒素污染的食物而引起的食物中毒。中毒主要由被真菌污染的食品引起,用一般的烹调方法加热处理不能破坏食品中的真菌毒素。其发病率较高,病死率较高,发病的季节性及地区性均较明显,如霉变甘蔗中毒常见于初春的北方。

3. 动物性食物中毒

动物性食物中毒是指因食用动物性有毒食品而引起的食物中毒。其发病率及病死率均较高。引起动物性食物中毒的食品主要有两种:(1) 将天然含有有毒成分的动物当作食品,如河豚中毒;(2) 在一定条件下产生大量有毒成分的动物性食品。我国发生的动物性食物中毒主要是河豚中毒等。

4. 有毒植物中毒

有毒植物中毒是指食用植物性有毒食品引起的食物中毒,如含氰苷果仁、木薯、菜豆、毒蕈等引起的食物中毒。其发病特点因造成中毒的食品种类

而异,如毒蕈中毒多见于夏秋暖湿季节及丘陵地区,病死率较高。

5. 化学性食物中毒

化学性食物中毒是指食用化学性有毒食品引起的食物中毒。发病的季节性、地区性均不明显,但发病率和病死率均较高,如有机磷农药、鼠药、某些重金属或类金属化合物、亚硝酸盐等引起的食物中毒。

二、食物中毒事件分级及响应

同一食物中毒事件中,中毒人数在 29 人及以下、无死亡病例的食物中毒属于一般食物中毒事件;同一食物中毒事件中,发生 30 例及以上中毒病例,或出现中毒死亡病例,或食物中毒事件发生在学校、全国重大活动期间,则属于突发食物中毒事件。食物中毒一旦构成突发食物中毒事件,就必须按照标准进行分级及应急响应。

（一）突发食物中毒事件分级

1. 一般突发食物中毒事件（Ⅳ级）

一次食物中毒人数 30～99 人,未出现中毒死亡病例。

2. 较大突发食物中毒事件（Ⅲ级）

一次食物中毒人数超过 100 人（含 100 人）或出现 1～9 人中毒死亡病例。

3. 重大突发食物中毒事件（Ⅱ级）

一次食物中毒人数超过 100 人（含 100 人）并出现中毒死亡病例;或出现 10 人以上中毒死亡病例。

4. 特别重大突发食物中毒事件（Ⅰ级）

对影响特别重大的食物中毒事件,由国务院卫生行政部门报国务院批准后可确定为特别重大食物中毒事件。各省、自治区、直辖市人民政府卫生行政部门可结合行政区域实际情况,对特殊环境和场所的分级标准进行补充和调整。

（二）突发食物中毒事件响应原则

各级卫生行政部门在同级人民政府的统一领导和指挥下,开展卫生应急处置工作。

（1）特别重大突发公共卫生事件的食物中毒事件（Ⅰ级）由卫生部负责应急响应。

（2）重大突发公共卫生事件的食物中毒事件（Ⅱ级）由省级卫生行政部门负责应急响应。

（3）较大突发公共卫生事件的食物中毒事件（Ⅲ级）由市（地）级卫生行政部门负责应急响应。

（4）一般突发公共卫生事件的食物中毒事件（Ⅳ级）由县级卫生行政部门负责应急响应。

三、食物中毒的接报、核实与初步判断

（一）接报

按照首接负责制，接报人在接到疑似食物中毒报告、举报或投诉时，应做好详细记录，内容包括时间，报告人姓名、单位、联系电话（最好2个以上），可疑肇事单位的名称、地址，可疑食物，感染或中毒发生地点，发病时间、症状、体征，就诊单位地点和现场情况，了解事件属性，并进行复述，以核对记录。填写食物中毒来电、来访接报记录登记表。

另外，接报人还应告知报告人或投诉人保护好现场，留存中毒者的呕吐物、腹泻物及可疑中毒食物以备调查取样送检，最好低温保存。

（二）核实

接报后根据接报内容，与事件发生的相关人员、医院或现场联系、核实所接报内容是否客观存在、与实际情况是否基本一致，并了解事态发展等情况。根据实际情况，既可以去现场核实，也可以通过电话联系进行核实。

（三）初步判断

根据接报内容及核实情况，结合食物中毒的定义、食物中毒的发病特点，初步判断该事件是否是食物中毒事件。如果是食物中毒事件，应立即向本部门负责人和本单位负责人汇报，并按规定程序上报相关上级部门、主管部门。

四、食物中毒的报告

根据《中华人民共和国食品安全法》、国务院《突发公共卫生事件应急条例》和卫生部第37号令《突发公共卫生事件与传染病疫情信息报告管理办法》、《食物中毒事故调查处理办法》、《国家食品安全事故应急预案》（国务院2011年10月5日修订，14日发布）规定，尽早尽快向上级业务机构和同级卫生行政部门报告。

（一）责任报告单位、责任报告人

1. 责任报告单位

（1）发生食物中毒的单位和接受治疗食物中毒病人的各级各类医疗卫生机构。

（2）食品安全相关技术机构、有关社会团体及个人。

（3）卫生行政部门、人民政府。县级以上地方人民政府卫生行政部门接到食物中毒或者疑似食物中毒事故的报告，应当按照规定向本级人民政府和

上级人民政府卫生行政部门报告。县级人民政府和上级人民政府卫生行政部门应当按照规定上报。

（4）相关食品监管部门。农业行政、质量监督、工商行政管理、食品药品监督管理部门在日常监督管理中发现食品安全事故，或者接到有关食品安全事故的举报，应当立即向卫生行政部门通报。

2. 责任报告人

各级各类医疗卫生机构的医疗卫生人员与发生食物中毒的单位负责人及公民是责任报告人。责任报告单位依照有关法规对责任报告人的工作进行监督管理。

任何单位和个人不得干涉食物中毒或者疑似食物中毒事故的报告。任何单位或者个人不得对食品安全事故隐瞒、谎报、缓报，不得毁灭有关证据。

（二）法定报告时限

1. 实施紧急报告制度

中毒人数超过 30 人的，应当于 6h 内报告同级人民政府和上级人民政府卫生行政部门；中毒人数超过 100 人或者死亡 1 人以上的，应当于 6h 内上报卫生部，并同时报告同级人民政府和上级人民政府卫生行政部门；中毒事故发生在学校或者地区性、全国性重要活动期间的应当于 6h 内上报卫生部，并同时报告同级人民政府和上级人民政府卫生行政部门。

2. 突发食物中毒事件报告

有关单位发现突发公共卫生事件（重大食物中毒、食品安全事故）时，应当在 2h 内向所在地县级人民政府卫生行政部门报告。接到报告的卫生行政部门应当在 2h 内向本级人民政府报告，并同时通过突发公共卫生事件信息报告管理系统向卫生部报告。

（三）报告内容

（1）食品生产经营者、医疗技术机构和社会团体、个人向卫生行政部门和有关监管部门报告疑似食品安全事故信息时，应当包括事故发生时间、地点和人数等基本情况。

（2）有关监管部门报告食品安全事故信息时，应当包括事故发生单位、时间、地点、危害程度、伤亡人数、事故报告单位信息（含报告时间、报告单位联系人员及联系方式）、已采取措施、事故简要经过等内容，并随时通报或者补报工作进展。

（3）承担食品安全事故流行病学调查职责的县级以上疾病预防控制机构及相关机构完成同级卫生行政部门指派的流行病学调查任务后，按规定向卫生行政部门提交事故流行病学调查报告。

初次报告的内容包括事件名称、发生地点、发生时间、涉及人群及中毒和死亡人数、主要临床症状、可疑中毒食物、报告单位联系人员及联系方式，以及中毒原因的初步判断、已经采取的措施及事故控制情况、需要解决的问题和要求等。

进程报告的内容包括报告事故的发展与变化、处置进程、事故原因，也要对初次报告的情况进行补充和修正。

结案报告的内容包括所调查事件的发生发展的全面、完整情况。包括以下要素：标题、背景（前言）、基本情况、调查过程（核实诊断、流行特征、病因或流行因素推断、验证）、调查结果、调查结论、防制措施与效果评价、问题与建议（包括对事故的发生和处理进行总结，提出今后对类似事件的防范和处置建议，提出对引发食品安全事故的有关责任部门、单位和责任人进行责任追究的建议）、调查小结、落款。

（四）报告形式

可采用电话、传真、突发公共卫生事件网络等多种形式进行报告。

第二节　食物中毒诊断和技术处理

根据《食品安全事故流行病学调查工作规范》，调查机构接到同级卫生行政部门开展食物中毒事故流行病学调查的通知后，应当迅速启动调查工作。由调查机构的事故流行病学调查组（以下简称调查组）具体实施事故流行病学调查。调查组综合分析现场流行病学调查、食品卫生学调查和实验室检验三方面的结果，依据相关诊断原则，做出事故调查结论。调查机构根据调查组调查结论，向同级卫生行政部门提交事故流行病学调查报告。

由此可见，食物中毒的诊断和技术处理是由专业机构按照法律、法规规定的相应程序来完成的，而不是通常老百姓误解的个人行为或者由临床医生完成。

我国目前食物中毒的诊断和技术处理主要依据《食物中毒诊断标准及技术处理总则》（GB14938—94）以及卫生部行业标准 18 个，其中细菌性食物中毒 9 个、真菌毒素性中毒 2 个、植物性食物中毒 4 个、化学性中毒 2 个。

一、食物中毒的诊断

《食物中毒诊断标准及技术处理总则》规定，食物中毒的诊断主要以流行病学调查资料及中毒的潜伏期和特有表现为依据。实验室诊断是为了确定中毒的病因而进行的。

食物中毒的确定应尽可能有实验室诊断资料,但由于种种原因导致采样不及时或中毒者已用药或其他技术、学术上的原因而未能取得实验室诊断阳性资料时,可判定为原因不明食物中毒,必要时可由三名副主任医师以上的食品卫生专家进行评定。

从中毒食品和中毒者的生物样品中检出能引起与中毒的临床表现一致的病原体,这是实验室诊断资料对食物中毒诊断的有力支持。

实际工作中,调查机构通过现场流行病学调查和食品卫生学调查尽可能全面收集相关资料和证据,将所收集的食物中毒个案调查表等调查资料进行信息数据的整理、归纳,并运用流行病学方法进行分析。将中毒者的潜伏期和特有临床表现结合流行病学资料、可疑食品加工制作情况和实验室检验结果进行汇总分析,按照各类食物中毒的诊断标准确定的判定依据和原则进行综合判定。

（一）细菌性和真菌性食物中毒的诊断

《细菌性和真菌性食物中毒诊断标准总则》规定,食入细菌性或真菌性中毒食品引起的食物中毒即为细菌性食物中毒或真菌性食物中毒,其诊断标准总则主要包括流行病学调查资料、中毒者的潜伏期和特有的中毒表现、实验室诊断资料(对中毒食品或与中毒食品有关的物品或病例标本进行检验的资料)。

1. 细菌性食物中毒

（1）流行病学特点

① 发病率及病死率。细菌性食物中毒在国内外都是最常见的一类食物中毒。常见的细菌性食物中毒(如沙门菌、变形杆菌、金黄色葡萄球菌等细菌性食物中毒)的发病特点是病程短、恢复快、预后好、病死率低;单核细胞增生李斯特菌、小肠结肠炎耶尔森菌、肉毒梭菌、椰毒假单胞菌食物中毒的病死率分别为20%～50%、34%～50%、60%和50%～100%,且病程长、病情重、恢复慢。

② 发病季节性明显。细菌性食物中毒虽然全年皆可发生,但以5—10月份较多发,7—9月份尤其容易发生,这与夏季气温高、细菌易于大量繁殖有关。常因食材不新鲜、保存不当(各类食品混杂存放或贮藏条件差)、烹调不当(肉块过大、加热不彻底或凉拌菜)、交叉污染或剩余食物处理不当而引起。节日聚餐或食品监管不到位时特别容易发生食物中毒。此外,也与机体抵抗力降低、易感性增高有关。

③ 引起细菌性食物中毒的主要食品为动物性食品,其中畜肉类及其制品居首位,禽肉、鱼、乳、蛋也占一定比例。植物性食品(如剩饭、米糕、米粉等)易出现由金黄色葡萄球菌、蜡样芽孢杆菌等引起的食物中毒。

（2）临床表现

潜伏期的长短与引起食物中毒的细菌类型有关。金黄色葡萄球菌食物中毒由蓄积在食物中的肠毒素引起,潜伏期为 1~6h。产气荚膜杆菌进入人体后产生不耐热肠毒素,潜伏期为 8~16h。侵袭性细菌(如沙门菌、副溶血性弧菌、变形杆菌等)引起的食物中毒的潜伏期为 16~48h。

临床表现以急性胃肠炎为主,如恶心、呕吐、腹痛、腹泻等。金黄色葡萄球菌食物中毒者呕吐较明显,呕吐物含胆汁,有时带血和黏液,腹痛以上腹部及脐周多见,腹泻频繁,多为黄色稀便和水样便。侵袭性细菌引起的食物中毒可有发热、腹部阵发性绞痛和黏液脓血便。部分副溶血性弧菌食物中毒患者的粪便呈血水便。产气荚膜杆菌 A 型菌引起的食物中毒病情较轻,少数 C 型和 F 型可引起出血性坏死性肠炎。莫根变形杆菌食物中毒患者还可发生颜面和头部的荨麻疹等过敏症状。腹泻严重者可导致脱水、酸中毒甚至休克。

（3）诊断

细菌性食物中毒的诊断标准、原则及主要依据包括:① 流行病学调查资料。根据中毒者发病急、短时间内同时发病及食用同一有毒食物等特点,确定引起中毒的食品并查明引起中毒的具体病原体。② 中毒的潜伏期和特有的中毒表现符合食物中毒的临床特征。③ 实验室诊断资料。实验室诊断资料是指对中毒食品或与中毒食品有关的物品或患者的样品进行检验的资料。细菌性及血清学检查包括对可疑食物、患者呕吐物及粪便进行细菌性培养、分离鉴定菌型,做血清凝集试验。有条件时,应取患者吐泻物及可疑的剩余食物进行细菌培养,对重症患者进行血液培养等。留取中毒者早期及病后 2 周的双份血清与培养分离所得可疑细菌进行血清凝集试验,双份血清凝集效价递增有诊断价值。可疑时,尤其是怀疑细菌毒素中毒时,可做动物试验检测,以明确是否存在细菌毒素。

2. 真菌性食物中毒

真菌分单细胞真菌和多细胞真菌。前者细胞呈圆形或椭圆形,常见于酵母和类酵母;后者细胞呈丝状,分枝交织成团,通称霉菌。真菌毒素食物中毒主要是由霉菌及其毒素引起的。

真菌毒素中毒发生的特点是:主要通过被真菌污染的食物发生中毒;用一般的烹调方法加工处理不能破坏食物中的真菌毒素;没有传染性和免疫性,对机体不产生抗体;真菌的生长繁殖及产生毒素需要一定的温度、湿度,因此真菌中毒具有明显的地区性、季节性和波动性等流行特点。

（1）赤霉病麦中毒

麦类、玉米等谷物被镰刀菌菌种侵染引起的赤霉病是一种世界性病害。

谷物中含有的镰刀菌有毒代谢产物可引起人畜中毒。呕吐为急性中毒时的主要症状。

引起赤霉病麦中毒的有毒成分为赤霉病麦毒素,其中主要有雪腐镰刀菌烯醇、镰刀菌烯酮-X、T-2 毒素等,是属于单端孢霉烯族化合物的一类毒素,是镰刀菌产生的霉菌代谢产物。赤霉病麦毒素对热稳定,普通烹调方法并不能去毒。摄入量越多,发病率越高,病情越严重。

① 流行病学特点:赤霉病麦中毒每年都会发生,常常引起人、畜食物中毒。一般多发生于麦收以后食用受病害的新麦,也有因误食库存的赤霉病麦或霉变玉米而引起中毒的。

② 中毒症状:赤霉病麦中毒的潜伏期一般为十几分钟至半小时,主要症状是恶心、呕吐、腹泻、腹痛、头痛、头晕、嗜睡、乏力、流口水,少数人有发热、畏寒等症状。一般情况下症状持续 1d 左右可自行消失,缓慢者持续 1 周左右,预后良好。个别重症病例有脉搏、呼吸、体温及血压波动及四肢酸软、步态不稳、貌似醉酒态(有"醉谷病"之称)等表现。患者一般不经治疗可自愈,对有呕吐者应进行补液。

(2) 霉变甘蔗中毒

霉变甘蔗中毒是指食用了因保存不当而霉变的甘蔗所引起的食物中毒。一般发生于我国北方地区的初春季节,多见于儿童,病情常常较严重乃至危及生命。霉变甘蔗质地较软,瓤部色泽呈浅棕色,较正常甘蔗深,闻之有霉味。霉变甘蔗中毒的产毒真菌为甘蔗节菱孢霉,长期贮存的甘蔗是节菱孢霉发育、繁殖、产毒的良好培养基。

① 中毒机制:甘蔗节菱孢霉产生的毒素为 3-硝基丙酸,这是一种神经毒素,主要损害中枢神经系统。

② 中毒表现:潜伏期短,最短者仅十几分钟。中毒后最初表现为消化道功能一时性紊乱,如恶心、呕吐、腹泻、腹痛、黑便,随后出现神经系统症状,如头痛、头昏和复视。严重者可出现阵发性抽搐。抽搐时四肢强直,屈曲内旋,手呈鸡爪状,眼球向上偏向凝视,瞳孔散大,继而进入昏迷状态。患者可死于呼吸衰竭,幸存者则留下严重的神经系统后遗症,导致终身残疾。

(二) 动物性和植物性食物中毒的诊断

《动物性和植物性食物中毒诊断标准总则》规定,食入动物性或植物性中毒食品引起的食物中毒即为动物性或植物性食物中毒。其诊断的主要依据包括流行病学调查资料、患者的潜伏期和特有的中毒表现、形态学鉴定资料。必要时,应有实验室诊断资料,即对中毒食品进行检验的资料;有条件时,可提供简易动物毒性试验或急性毒性试验资料。

有毒动植物中毒是指一些动植物本身含有某种天然有毒成分或由于贮存条件不当形成某种有毒物质,被人食用后所引起的中毒。动物性中毒食品分为两类,即将天然含有有毒成分的动物或动物的某一部分当作食品(如河豚)与在一定条件下产生大量的有毒成分的动物性食品(如鲐鱼等)。植物性中毒食品分为三类,即将天然含有有毒成分的植物或其加工制品当作食品(如桐油、大麻油等)、将加工过程中未能破坏或除去有毒成分的植物当作食品(如苦杏仁、木薯等)、在一定条件下产生大量有毒成分的植物性食品(如发芽土豆等)。

1. 植物性食物中毒

我国最常见的植物性食物中毒为四季豆中毒、毒蘑菇中毒,可引起死亡的植物性食物有毒蘑菇、发芽马铃薯、曼陀罗、银杏、苦杏仁、桐油等。植物性食物中毒多数没有特效疗法,对一些可能引起死亡的严重中毒,尽早排除毒物(催吐、洗胃)对中毒者的预后十分重要。

(1) 四季豆中毒

四季豆又叫菜豆、芸豆、扁豆等,常常被人们用作蔬菜食用。四季豆中毒主要是由于它所含皂素和植物血凝素未被破坏,秋季下霜前后采摘的四季豆毒素含量较高。其中皂素对胃肠道黏膜有强烈的刺激作用,可引起局部黏膜充血、肿胀和出血性炎症,并能破坏红细胞,造成溶血。植物血凝素具有凝集和溶解红细胞的作用。两种有害物质经过长时间煮沸可以被破坏。如果仅用开水漂烫后用于制作凉菜、凉拌面等,往往由于加热不彻底而引发中毒。经过炖煮的四季豆一般不会发生中毒。

① 流行病学特点:秋季是四季豆上市旺季,也是四季豆中毒的多发季节。一般是由于烹调四季豆时加热不彻底,人食用毒素未被破坏的四季豆后引发中毒。四季豆中毒多发生在集体食堂。

② 临床表现:潜伏期为30min至5h,多数患者起初感觉胃部不适,继而出现以恶心、呕吐、腹痛为主的症状,有的人伴有头痛、头晕、出汗、畏寒、四肢麻木、胃部烧灼感、腹泻,一般不发热。病程为数小时或1~2d,预后良好。血液检查可有白细胞总数和中性粒细胞增高,但体温正常。

③ 诊断:根据有食用未加热彻底的四季豆史、潜伏期短、临床表现以上述消化道症状为主、未发现其他可疑食物中毒食品即可做出诊断。有条件时,可以检验剩余四季豆中的植物血凝素水平。

(2) 豆浆中毒

豆浆中毒是由制作豆浆的原料豆中的有害物质(如胰蛋白酶抑制剂、皂苷、皂素等)引起的。

① 流行病学特点:生豆浆加热不彻底,其中的有害物质未被破坏导致饮

用后中毒。一般中毒多发生在集体食堂和小型餐饮单位,特别是幼儿园和小学食堂最常见。

② 临床表现:豆浆中毒发病较快,潜伏期为在 30min～1h,最短者只有 3min。患者的临床表现以恶心、呕吐、腹胀、腹泻为主,可伴有腹痛、头晕、乏力等,一般不发热,预后良好。血液学检查可有白细胞总数和中性粒细胞增高,但体温正常。

③ 诊断:根据有饮用未加热彻底的豆浆史、临床表现以上述消化道症状为主、未发现其他可疑食物中毒食品即可做出初步诊断,检测豆浆脲酶含量有诊断参考价值。脲酶含量为 50mg/kg 的食品可引起儿童中毒,脲酶含量达到 200mg/kg 的食品可引起成年人中毒。国家标准规定,含大豆成分的婴幼儿食品中脲酶定性应为阴性。

（3）发芽土豆中毒

发芽土豆中毒是由发芽土豆中所含的龙葵素引起的。土豆中龙葵素的含量随着品种、季节的不同而不同,一般是 20～100mg/kg 新鲜组织。在贮藏过程中,龙葵素含量会逐渐增加,在发芽土豆幼芽和芽眼部分其含量高达 0.3%～0.5%(3～5g/kg)。人体摄入 0.2～0.4g 龙葵素即可引起中毒。土豆中的龙葵素不易被破坏。

① 流行病学特点:食用发芽土豆,其中的龙葵素未被破坏,导致中毒。中毒可发生在集体食堂、餐饮单位或家庭。

② 临床表现:潜伏期为数分钟至数小时,多为 2～4h。起初症状为咽部烧灼感、抓痒感,继而出现上腹部烧灼感或疼痛,其后出现胃肠炎症状,如恶心、呕吐、腹痛、腹泻,伴有头晕、耳鸣、瞳孔散大等。轻者 1～2d 自愈,重者可因心力衰竭、呼吸麻痹而死亡。

③ 诊断:根据有进食发芽土豆史与临床表现符合发芽土豆中毒的临床特征即可做出诊断。所食用剩余发芽土豆中龙葵素定性阳性可作为诊断参考。

（4）毒蘑菇中毒

在我国,蘑菇种类很多,分布地域广阔,其中一部分是毒蘑菇,也称为毒蕈。由于毒蘑菇与可食蘑菇在外观上难以区别,因此极易因误食而中毒。我国经鉴定的毒蕈有 180 多种,其中威胁人类生命的有 20 多种,含有剧毒的仅 10 多种。毒蕈的有毒成分复杂,一种毒蕈可含有多种毒素,这就不难理解为什么每年都有因毒蘑菇中毒而死亡的报告。

① 流行病学特点:毒蘑菇中毒每年在全国各地都有发生。就季节而言,多发生于气温高的夏秋阴雨季节;以家庭为主,往往是个人或家庭采集野蘑

菇而误食毒蘑菇引起中毒,多为散发。

② 临床表现:由于毒蘑菇种类繁多,其毒素复杂,因此毒蘑菇中毒的临床症状也复杂。根据毒蘑菇所含有毒成分和中毒症状不同,可将毒蘑菇中毒分为以下五种类型:

Ⅰ. 胃肠毒型:主要由胃肠毒素引起。潜伏期一般为30min～6h。主要表现为胃肠炎症状,如剧烈腹泻、水样便,恶心、呕吐,阵发性腹痛,以上腹部和脐部疼痛为主,体温不高。病程短,经过适当对症处理可迅速恢复,病死率低。较重者可因剧烈呕吐、腹泻导致脱水、电解质紊乱、血压下降甚至休克、昏迷或急性肾衰竭。

Ⅱ. 神经精神型:多由神经精神毒素引起。潜伏期一般为30min～6h,最短可在食用后10min发病。一般胃肠道症状较轻,副交感神经兴奋症状和精神症状较重。病程1～2d,病死率低。

Ⅲ. 溶血型:潜伏期一般为6～12h,先有恶心、呕吐、腹泻等胃肠道症状,发病3～4d后出现溶血性黄疸、肝脾肿大,少数患者可出现血红蛋白尿。病程为2～6d,病死率一般不高。

Ⅳ. 肝肾损害型:由原浆毒素引起。原浆毒素有剧毒,此型中毒病情凶险,病死率很高。其临床表现复杂,按病情发展分为六期,依次为潜伏期、胃肠炎期、假愈期、脏器损害期、精神症状期和恢复期。

Ⅴ. 光过敏性皮炎型:中毒时身体暴露部分出现肿胀、疼痛,尤其是嘴唇,可见肿胀、外翻,而胃肠炎症状轻或无。

③ 诊断:根据有食用野蘑菇史及相应的临床表现可做出初步诊断。利用剩余的生蘑菇或剩余的熟蘑菇进行简易的动物实验,对毒蘑菇中毒的确诊有重要参考价值。

2. 动物性食物中毒

近年,我国发生的动物性食物中毒主要是河豚中毒,其次是贝类中毒和鱼胆中毒。河豚中毒、贝类中毒、鱼胆中毒多是以家庭为主的散发性中毒,而且除高组胺鱼类中毒外,尚无解毒治疗方法,仅可采取对症治疗和支持疗法。

动物性食物中毒诊断标准总则主要包括流行病学调查资料、患者的潜伏期和特有的中毒表现、形态学鉴定资料。必要时,应有实验室诊断资料(对中毒食品进行检验的资料);有条件时,可获取简易动物毒性试验或急性毒性试验资料。

下面简要介绍河豚中毒的临床特征

(1)流行病学特点

河豚中毒主要发生在春季雌鱼卵巢发育期,具有明显的季节性特点,河豚中毒以3—5月份最多见。我国沿海和长江中下游地区为主要发生区域,北方内陆地区较少。中毒原因主要是误食、加工处理河豚方法不当,有的是捡拾废弃的河豚鱼籽、内脏而导致中毒。中毒多发生在家庭。

(2)临床表现:河豚中毒的特点是发病急速而剧烈,潜伏期10min～3h。最初的中毒表现为接触毒素局部的麻痹感,如嘴唇和舌头麻痹,继而运动神经麻痹,出现手、臂肌肉无力致运动失调、步态不稳、身体摇摆、舌头发硬、言语不清,甚至全身麻痹瘫痪。严重者可出现呼吸困难、血压下降、昏迷,最后死于呼吸、循环衰竭。死亡一般发生在发病后4～6h内,因为人体对河豚毒素的解毒排泄较快,一般8h内未死亡者可得以恢复。

(3)诊断:根据有食用河豚史及相应临床表现进行诊断。利用剩余的熟河豚肉进行简易的动物试验更具有诊断价值。

(三)化学性食物中毒的诊断

化学性食物中毒来势凶猛,发病率高,病死率高。如果处理不及时,往往造成死亡,酿成重大食物中毒事故。

《化学性食物中毒诊断标准总则》规定,食入化学性中毒食品引起的食物中毒即为化学性食物中毒。其诊断的主要依据包括流行病学调查资料、患者的潜伏期和特有的中毒表现。如有需要,可获取患者的临床检验或辅助、特殊检查资料或实验室诊断资料(对中毒食品或与中毒食品有关的物品或患者的标本进行检验的资料)。

化学性食物中毒的特点是:发病与进食含有毒化学物的食物有关;发病与进食时间、食用量有关。一般进食后不久发病,进食量大者发病时间短,病情重;发病常呈群体性,可找到同食某种食品的病史,患者有相同的临床表现;发病者常无地域性、季节性、传染性;剩余食品、呕吐物、血和尿等标本中可测出有关化学毒物。

1. 亚硝酸盐中毒

亚硝酸盐中毒是常见的化学性食物中毒,我国每年都有多起亚硝酸盐中毒事件发生。亚硝酸盐是国家允许使用的肉制品发色剂,因其外观多为白色或微黄色结晶或颗粒状粉末,易溶于水且有咸味,容易与食盐或面碱混淆。亚硝酸盐毒性较大,摄入量达到0.2～0.5g即可引起急性中毒,摄入量达到3g以上即可引起死亡。

(1)来源:贮存过久的新鲜蔬菜、腐烂蔬菜以及放置过久的熟制蔬菜,菜内的硝酸盐在其还原菌的作用下转化为亚硝酸盐;腌制的蔬菜在一定时期内含有大量的亚硝酸盐;制作肉制品时使用了发色剂亚硝酸盐;个别地区的井水硝酸盐含量较高(苦井水),微生物的作用可使硝酸盐转变成亚硝酸盐。

可见,误食或误用亚硝酸盐可导致中毒,大量进食硝酸盐、亚硝酸盐含量高的食物以及饮用硝酸盐、亚硝酸盐含量高的苦井水也可发生中毒。

(2)临床表现:一般多在进食后30min~3h发病,最长可达20h。中毒的主要症状是口唇、指甲以及全身皮肤发绀等组织缺氧表现,自觉症状是头晕、头痛、乏力、胸闷、心慌、心跳加速、呼吸困难、恶心、呕吐、腹痛、腹泻等,严重者表现为烦躁不安、昏迷、惊厥、大小便失禁,可因呼吸衰竭而死亡。

(3)中毒判定依据:有误食或误用亚硝酸盐史或进食大量含硝酸盐或亚硝酸盐食物史,有发绀等典型临床表现,剩余食物或呕吐物中检出超限量的亚硝酸盐,血液中高铁血红蛋白含量增高(超过10%)。

2. 有机磷农药中毒

有机磷农药是我国使用广、品种多的农药,经口毒性差别很大,按体重计,半数致死量(LD_{50})从10mg/kg至8000mg/kg。根据经口急性毒性试验,可将有机磷农药分为高毒、中毒、低毒三类(见表8-1)。

表8-1 常见有机磷农药的毒性

品名	大鼠经口LD_{50}/（mg/kg）	急性毒性等级	日允许摄入量（ADI值）/（mg/kg）
敌敌畏	50~110	中等毒	0.004
敌百虫	450~500	低毒	0.01
甲胺磷	19~21	高毒	0.004
乙酰甲胺磷	605~1100	低毒	0.03
乐果	180~336	中等毒	0.002
甲拌磷	3.7	高毒	0.0005
甲基对硫磷	14~42	高毒	0.003
杀螟硫磷	250	中等毒	0.005
马拉硫磷	1400~8000	低毒	0.3
倍硫磷	180	中等毒	0.007
对硫磷	6~15	高毒	0.004
亚胺硫磷	—	中等毒	0.01

有机磷农药具有神经毒性,进入人体后主要抑制血液和组织中胆碱酯酶活性,使其失去分解乙酰胆碱的能力,导致大量乙酰胆碱积聚体内,从而使胆碱能神经处于过度兴奋状态而出现中毒症状。

(1)中毒原因:误食有机磷农药或被其污染的食品,食用喷洒有机磷农药未过安全间隔期(残留量过高)的水果、蔬菜,使用装过有机磷农药的容器盛食品,用被有机磷农药污染的车辆运输食品和粮食,用被有机磷农药污染的仓库储存食品和粮食等,均可造成因有机磷农药污染而发生中毒。

（2）临床表现:潜伏期一般为2h以内,误服农药纯品者可立即发病。根据中毒症状的轻重程度可将急性中毒分为三度:轻度中毒表现为头疼、头晕、恶心、呕吐、多汗、流涎、胸闷、无力、视力模糊等,瞳孔可缩小,血中胆碱酯酶活力减少30%～50%;中度中毒者除有上述症状外,还会出现肌束震颤、呼吸轻度困难、血压升高、意识轻度障碍,血中胆碱酯酶活力减少50%～70%;重度中毒表现为瞳孔缩小呈针尖大、呼吸极度困难、发绀、肺水肿、抽搐、昏迷、呼吸衰竭、大小便失禁等,少数患者会出现脑水肿,血中胆碱酯酶活力减少70%以上。

上述症状中以瞳孔缩小、肌束震颤、血压升高、肺水肿、多汗为主要特点。一般在病程持续4～18d后逐步恢复。

特别需要注意的是,某些有机磷农药(如敌百虫、马拉硫磷、对硫磷、乐果、甲基对硫磷、伊皮恩等)具有迟发性神经毒性,即在急性中毒后的第2周出现神经症状,主要表现为下肢软弱无力、运动失调及神经麻痹等。

（3）中毒的判定依据:符合流行病学调查特点,确认中毒由食物引起;符合急性有机磷农药中毒的临床表现特点;中毒者的剩余食物中检出超过最大残留限量的有机磷农药;全血胆碱酯酶活性低于70%;有条件时,可测定中毒者呕吐物或胃内容物有机磷农药含量。

（四）致病物质不明的食物中毒

《致病物质不明的食物中毒诊断标准总则》规定,食入可疑中毒食品后引起的食物中毒,由于取不到样品或取到的样品已经无法查出致病物质或者在学术上中毒物质尚不明确的食物中毒,称为致病物质不明的食物中毒。其主要诊断依据包括流行病学调查资料、患者的潜伏期和特有的中毒表现。

（注:必要时由3名副主任医师以上的食品卫生专家进行评定。）

二、食物中毒的技术处理

食物中毒的技术处理主要依据《食物中毒诊断标准及技术处理总则》。食物中毒处理总则的内容如下:（1）及时报告当地的卫生行政部门。（2）对患者采取紧急处理:停止食用可疑中毒食品;采取患者血液、尿液、吐泻物标本,以备送检;迅速做排毒处理,包括催吐、洗胃和导泻;对症治疗和特殊治疗,如纠正水和电解质失衡,使用特效解毒药,防止心、脑、肝、肾损伤等。（3）对中毒食品的控制处理:保护现场,封存中毒食品或可疑中毒食品;采取剩余可疑中毒食品,以备检验;追回已售出的中毒食品或可疑中毒食品;对中毒食品进行无害化处理或销毁。（4）对中毒场所采取消毒处理。根据不同的中毒食品,对中毒场所采取相应的消毒处理。例如,封存被污染的食品所用的工具、容器、用具,并进行清洗消毒;彻底清洁、消毒接触过中毒食品的餐具、容器、用具以及冰箱等。可以用煮沸方法,煮沸时间不短于5min。

（一）细菌性食物中毒的处理

迅速排出毒物,常用催吐、洗胃法。对肉毒毒素中毒,早期可用1：4000的高锰酸钾溶液洗胃。

1. 暴发流行时的处理

应做好思想工作和组织工作,将患者进行分类。轻者就地集中治疗,重症患者送往医院。及时收集资料,进行流行病学调查及细菌学检验,以明确病因。

2. 对症治疗

对症治疗措施包括治疗腹泻、腹痛,纠正酸中毒和电解质紊乱,抢救呼吸衰竭。

3. 特殊治疗

对细菌性食物中毒通常无须应用抗菌药物,可以通过对症治疗治愈。症状较重、考虑为感染性食物中毒或侵袭性食物中毒时,应及时选用抗菌药物,但对金黄色葡萄球菌肠毒素引起的中毒一般不用抗生素,以补液、调节饮食为主。对肉毒毒素中毒,应及早使用多价抗毒素血清。

（二）真菌性食物中毒的处理

真菌毒素的化学结构不同,其毒性程度不同,作用的靶器官不同,处理方法也不尽相同。

1. 赤霉病麦中毒

（1）治疗:患者症状一般持续1d左右可自行消失,缓慢者可持续1周左右,预后良好。一般患者不经治疗可自愈,呕吐严重者应进行补液。

（2）预防:预防赤霉病麦中毒的关键在于防止麦类、玉米等粮食谷物受到霉菌的侵染。主要措施是制定粮食中赤霉病麦毒素的限量标准,加强粮食卫生管理,除去或减少粮食中的病粒或毒素,加强田间和贮藏期间的防霉措施。

2. 霉变甘蔗中毒

（1）治疗:目前尚无特效治疗方法。发生中毒后应尽快洗胃、灌肠,以排除毒物,并对症治疗。

（2）预防:预防霉变甘蔗中毒的主要方法是:不吃霉变甘蔗;甘蔗必须于成熟后收割,收割后注意防冻、防霉菌污染;贮存期不可过长并定期对甘蔗进行感官检查,严禁出售霉变甘蔗。

（三）植物性食物中毒的处理

1. 四季豆中毒

（1）治疗：症状轻者无须治疗，多可自行消退；症状重者可给予对症治疗。

（2）预防：除去四季豆中的植物血凝素、皂素的简单有效方法是高温加热、煮熟焖透，使四季豆失去原有的生绿色和豆腥味。

2. 豆浆中毒

（1）治疗：症状轻者无须治疗，多可自行消退；症状重者可给予对症治疗。

（2）预防：加强宣传教育，把豆浆彻底煮开煮透后饮用。

3. 发芽土豆中毒

（1）治疗：目前尚无特效解毒剂，可进行催吐、洗胃和对症治疗。

（2）预防：土豆贮存于干燥、阴凉处；加强宣传教育，不吃发芽过多、黑绿色皮的土豆；对发芽较少的土豆，食用前挖去芽眼及芽周部分、削皮，烹调时加醋。

4. 毒蘑菇中毒

（1）治疗：毒蘑菇中毒的急救治疗原则包括尽早、迅速排除毒素和对症治疗。目前因没有治疗蘑菇中毒的特效药剂，尽早、迅速排除毒素对预后十分重要。强调及时采取催吐、洗胃、导泻、灌肠等措施。对食用毒蘑菇后 10h 以内者，都应彻底洗胃，洗胃液可用 1∶4000 的高锰酸钾溶液。洗胃后给予活性炭可吸附残余的毒素。对于不同类型的毒蘑菇中毒，根据不同症状和毒素情况给予治疗。神经精神型可采用阿托品治疗，溶血型采用肾上腺皮质激素治疗；一般情况差或出现黄疸者应尽早以较大量的氢化可的松，并同时给予保肝治疗。建议对所有毒蘑菇中毒有胃肠炎症状者给予保肝治疗。对肝肾损害型中毒，应用含巯基的解毒药有一定的效果。常用的有二巯基丙磺酸钠和二巯基丁二钠（DMS）。

（2）预防：在蘑菇采摘季节，应广泛宣传教育群众不要采摘野蘑菇食用，不要购买不认识的蘑菇食用；一旦发生蘑菇中毒，及时通过媒体向公众发出预警。

（四）动物性食物中毒的处理

下面以河豚中毒为例，介绍动物性食物中毒的处理方法。

1. 治疗

河豚中毒目前尚无特效解毒剂，治疗以催吐、洗胃、导泻为主，还可给予对症治疗。可用 1% 的硫酸铜口服或灌胃以催吐，用 1∶2000 ~ 1∶4000 的高锰酸钾溶液反复洗胃，用硫酸钠导泻。

2. 预防

在河豚中毒高发季节,应加强宣传教育:一是了解河豚的毒性可危及生命,不要食用河豚;二是如何识别河豚,防止误食。

(五)化学性食物中毒的处理

在处理化学性食物中毒时,应突出一个"快"字。及时处理不仅对挽救生命十分重要,而且对控制事态发展(特别是群体中毒和尚未明确化学毒物时)更为重要。当中毒人数多、涉及面广时,应由卫生行政部门组织所涉及的专业人员及其他有关人员成立抢救组,协调各方力量,确保抢救工作有条不紊地进行;应根据病情进行分类,确保危重病人的抢救质量,加强对轻症者及未出现症状者的治疗、观察,特别要注意毒物对轻症者的潜在危害。

处理原则:首先是清除毒物,通过催吐、洗胃、导泻清除已进入体内但尚未吸收的毒物,采取血液净化治疗(血液透析、腹膜透析、血液过滤、血液灌流、换血)、利尿,以加速毒物的排泄;其次是给予特效治疗,如解毒剂、功能拮抗剂治疗,同时给予对症、支持治疗。

1. 亚硝酸盐中毒

(1)治疗:轻症者一般不需治疗,较重者应催吐、洗胃、导泻以清除毒物,解毒治疗可静脉注射 1% 的美蓝溶液,吸氧,另外给予大剂量维生素 C 和葡萄糖。

(2)预防:加强亚硝酸盐的制度化管理,防止误食、误用;严格按照国家食品添加剂使用标准添加亚硝酸盐,严禁超范围、超量添加;不吃腐烂变质的蔬菜或贮存过久的蔬菜;不吃腌制时间少于 20d 的腌制蔬菜;不饮用不符合卫生要求的苦井水,不用苦井水煮饭煮粥。

2. 有机磷农药中毒

有机磷农药中毒的急救与处理原则是快速排除毒物,及时应用特效解毒药,同时进行对症治疗。

(1)排除毒物:迅速给予催吐、洗胃,彻底排出毒物。必须反复、多次洗胃,直至洗出液中没有有机磷农药臭味为止。洗胃液一般可选用 2% 的苏打水或清水,但误服敌百虫者不能选用苏打水等碱性溶液,可选用 1:5000 的高锰酸钾溶液或 1% 的氯化钠溶液。但对硫磷、内吸磷、甲拌磷及乐果等中毒时不能用高锰酸钾溶液洗胃,以免这类农药被氧化而增强其毒性。

(2)应用特效解毒药:对轻度中毒者可单独给予阿托品,以拮抗乙酰胆碱对副交感神经的作用;解除支气管痉挛,以防止肺水肿和呼吸衰竭。对中度或重度中毒者需要并用阿托品和胆碱酯酶复能剂(如氯解磷定、解磷定)。胆碱酯酶复能剂能够迅速恢复胆碱酯酶活力,对于解除肌束震颤、恢复病人神态有明显疗效。敌敌畏、敌百虫、乐果、马拉硫磷中毒时,由于胆碱酯酶复能剂的疗效差,治疗药物应以阿托品为主。

应注意预防迟发性神经病的发生,可在临床表现消失后继续观察 2～3d。乐果、马拉硫磷、久效磷等中毒后,应适当延长观察时间(2～3 周)。重度中毒者应避免过早活动,以防病情突变。

在遵守《农药安全使用标准》的基础上,有机磷农药中毒的预防还应该注意以下几点:

(1)有机磷农药专人专管,固定的专用贮存场所,其周围不得存放食品。

(2)喷药及拌种使用专用容器,配药及拌种操作的地点应远离畜圈、饮水源和瓜菜地,以防止污染的发生。严禁食用拌过有机磷农药的谷种。

(3)喷洒农药时,必须穿工作服、戴手套和口罩,并在上风向喷洒。喷药后须用肥皂洗净手、脸后,才能吸烟、饮水和进食。

(4)喷洒农药及收获瓜、果、蔬菜,必须遵守安全间隔期。

(5)禁止食用因剧毒农药致死的各种畜禽。

(6)禁止孕妇、乳母参加喷药工作。

第三节 食物中毒调查处理方法和程序

《食品安全事故流行病学调查工作规范》明确了疾病预防控制机构的工作方式是在卫生行政部门的统一组织下进行,并要求与其他监管部门的调查处理工作相互配合;同时规定了满足流行病学调查所应当具备的条件、人员等技术准备,调查机构开展事故流行病学调查应当遵循属地管理、分级负责、依法有序、科学循证、多方协作的原则,事故流行病学调查实行调查机构负责制、调查员制度,调查机构在接到同级卫生行政部门开展事故流行病学调查的通知后应迅速启动调查工作。

食品安全事故流行病学调查是一项程序规范性和科学技术性很强的工作。其结果直接关系到事故因素的及早发现和控制,是责任认定的重要证据之一。承担食品安全事故流行病学调查职责的县级及以上疾病预防控制机构及相关机构(以下简称调查机构)对造成或可能造成人体健康损害的食品安全事故开展流行病学调查工作应遵循《食品安全事故流行病学调查技术指南》(2012 年版)。

事故调查的任务是通过开展现场流行病学调查、食品卫生学调查和实验室检验工作,调查事故有关人群的健康损害情况、流行病学特征及其影响因素,调查事故有关的食品及致病因子、污染原因,做出事故调查结论,提出预防和控制事故的建议,并向同级卫生行政部门(或政府确立的承担组织查处事故的部门,以下同)提出事故调查报告,为同级卫生行政部门判定事故性质和事故发生原因提供科学依据。食物中毒调查处理方法和程序参见图8-1。

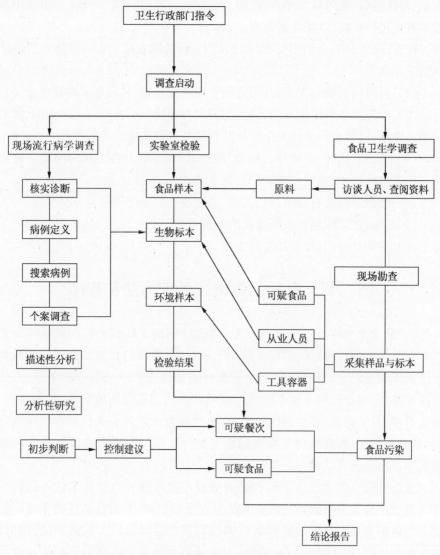

图8-1　食品安全事故流行病学调查工作流程图

一、平时做好应急准备工作

(1)组建应急处置工作组织或队伍,由流行病学、病原微生物学、分析化学、卫生毒理学及食品卫生学等学科的专业人员组成。

（2）编制应急处置工作技术方案，包括组织分工与协调、所需设备（见表8-2）和专业技术三部分。

（3）建立早期监测与预报系统。

（4）做好食物中毒等食品安全事故应急演练工作，注重理论与实践相结合，不断提高应急处置能力和技术支撑水平。

一旦接到同级卫生行政部门开展食物中毒流行病学调查的通知，应立即启动调查工作。在卫生行政部门的统一组织下，与其他监管部门的调查处理工作相互配合，开展食物中毒流行病学调查。

表8-2 食物中毒等突发事件现场调查主要物品清单

类别	物品
采样工具	调匙、勺子、压舌板、小刀、镊子、夹子、剪刀、肛拭子、消毒棉球、消毒纱布、消毒药械等
采样容器	塑料袋、200～1000mL 的广口瓶、水样瓶、转移培养基试管、粪便盒等
防护服	白色工作服、医用手套等
调查用表	病例调查表、采样检验单、统计分析用表、计算器等
专业参考资料	应急工作预案、应急处置技术方案、各种专业参考书或工作手册等
辅助设备	照相机、冰箱及保温箱、记号笔及标签纸等

二、现场流行病学调查

开展现场流行病学调查，是为了确定与食物传播有关的病例、引起发病的有关食物，查明引起发病的主要病原体或致病物质及其来源，为治疗和采取防制措施提供依据。

调查组到达现场应尽量在用药前采集病人血液、尿液、吐泻物标本以备送检，还要把病人的救治处理放在首位，坚持"边调查边救治"。核实发病情况的同时，一方面要协助医疗机构积极救治病人，给予对症治疗和特殊治疗；另一方面要及时建议卫生行政部门对可疑中毒食品采取临时控制措施，根据具体情况开展健康宣教、通过媒体进行社会公告等工作。

现场流行病学调查一般包括核实诊断、制定病例定义、病例搜索、个案调查、描述性流行病学分析、分析性流行病学研究等内容。具体调查步骤和顺序由调查组结合实际情况来确定和调整。

（一）核实诊断

调查组到达现场应核实发病情况、访谈患者、采集患者标本和食物样品等。

1. 核实发病情况

通过接诊医生了解患者主要临床特征、诊治情况,查阅患者在接诊医疗机构的病历记录和临床实验室检验报告,摘录和复制相关资料。

2. 开展病例访谈

根据食物中毒情况制定访谈提纲、确定访谈人数并进行病例访谈。访谈对象首选首例、末例等特殊病例,访谈内容主要包括人口统计学信息、发病和就诊情况以及发病前的饮食史等。

3. 采集样本

调查员到达现场后应立即采集病例生物标本、食品和加工场所环境样品以及食品从业人员的生物标本。如果未能采集到相关样本,应做好记录,并在调查报告中说明相关原因。食物中毒现场采样要求参见表8-3。现在有不少原因不明的食物中毒,不是由于检验能力达不到,而是报告不及时导致到达现场延迟,贻误了采集可供检测样本的时机。

表8-3 食物中毒现场采样要求

样品种类	采样量	采样方法
粪便	2mL(g)	置样品容器内
呕吐物	50~200g	置经消毒的样品瓶内
血液	10~20mL	静脉无菌采样
尸检材料	视情酌定	取胃、胃内容物、肝、肾等组织
尿液	30~50mL	取清洁中段尿
液体食品	200~500mL	摇匀后置消毒的样品瓶内
固体或混合食物	200~450g	用经消毒的刀切取部分,置样品瓶内
水样	1000~5000mL	视情况酌定
其他样品	根据检验需要确定	采集含有或可疑有毒物质样品

(1)采样原则

采样应本着及时性、针对性、适量性和不污染的原则进行,以尽可能采集到含有致病因子或其特异性检验指标的样本。

①及时性原则:考虑到事故发生后现场有意义的样本有可能不被保留或被人为处理,应尽早采样,提高实验室检出致病因子的机会。

②针对性原则:根据病人的临床表现和现场流行病学初步调查结果,采集最有可能检出致病因子的样本。

③适量性原则:样本采集的份数应尽可能满足事故调查的需要;采样量

应尽可能满足实验室检验和留样需求。当可疑食品及致病因子范围无法判断时,应尽可能多地采集样本。

④ 不污染原则:样本的采集和保存过程应避免微生物、化学毒物或其他干扰检验物质的污染,防止样本之间的交叉污染,同时也要防止样本污染环境。

（2）样本的采集、保存和运送

样本的采集、登记和管理应符合有关采样程序的规定,采样时应填写采样记录,记录采样时间、地点、数量等,由采样人(两人)和被采样单位或被采样人签字。

所有样本必须有牢固的标签,标明样本的名称和编号;每批样本应按批次制作目录,详细注明该批样本的清单、状态和注意事项等。样本的包装、保存和运输,必须符合生物安全管理的相关规定。

可供采集的样本有现场样品(环境、食品、化学品及其他用品等)及患者的生物材料(血、尿、胃内容物或呕吐物、组织、粪便或肛拭子)。患者的生物材料测定结果可直接指示中毒原因和中毒程度,是事件调查中必采的样本。胃内容物是确定摄入中毒的最好检体,尿是分析非挥发性毒物的较好检体,粪便是检测致病菌的重要标本;血液是最重要的毒物检测样本,尤其是在中毒发生后的72h内意义较大。

注意事项:现场遗留的食物、化学品、容器是首先应采集的样本,此外还应考虑采集水和其他有关物品。采样时机可以选择事发现场救助时、医院抢救和治疗时,甚至在患者恢复时。采样操作要防止污染,采集足够的样本量,样本运输和保存要确保不发生降解和变质。对那些可能有环境和生物本底的毒物样本要尽快送检。采样容器以清洁的玻璃器皿为佳。采得的样品应在低温条件下保存,以减缓样本的降解和变质,并尽快进行分析测定。样本运输前应在低温下冷冻数小时,然后移入保温瓶或保温箱,并放入冰块或干冰。

（二）制定病例的定义

病例的定义是区别中毒病例或非病例、及时做出临床鉴别诊断和在暴露人群中追查、发现新病例的统一标准和依据。

病例可分为疑似病例、可能病例和确诊病例。疑似病例通常是指有多数病例具有的非特异性症状和体征;可能病例通常是指有特异性的症状和体征,或疑似病例的临床辅助检查结果阳性,或疑似病例采用特异性药物治疗有效;确诊病例通常是指符合疑似病例或可能病例的定义,且致病因子检验结果阳性。

病例的定义应简洁、可操作,随调查的进展进行调整。在调查初期,可采用灵敏度高的疑似病例的定义开展病例搜索,并将搜索到的所有病例(包括疑似、可能、确诊病例)进行描述性流行病学分析。在进行分析性流行病学研究时,应采用特异性较高的可能病例和确诊病例的定义,以分析发病与可疑暴露因素的关联性。

病例的定义可包括以下内容:

(1)时间。限定事故时间范围。

(2)地区。限定事故地区范围。

(3)人群。限定事故人群范围。

(4)症状和体征。通常采用多数病例具有的或事故相关病例特有的症状和体征,症状如头晕、头痛、恶心、呕吐、腹痛、腹泻、里急后重、抽搐等,体征如发热、发绀、瞳孔缩小、病理反射等。

(5)临床辅助检查阳性结果。包括临床实验室检验、影像学检查、功能学检查等,如嗜酸性粒细胞增多、高铁血红蛋白增高等。

(6)特异性药物治疗有效。某些药物仅对特定的致病因子效果明显,如用亚甲蓝治疗有效提示亚硝酸盐中毒,抗肉毒毒素治疗有效提示肉毒毒素中毒等。

(7)致病因子检验结果阳性。病例的生物标本或病例食用过的剩余食物样品经检验致病因子阳性。

病例的定义一般包括病名、突出症状与伴随症状、病情轻重分级、流行病学相关因素等。病例的定义不明确可能会出现误诊或漏诊,食物中毒病例的诊断标准应规定为在一定时间范围内(通常是72h)发生呕吐或腹泻症状者,这个标准不仅包括临床诊断标准,还包括流行病学标准。72h内通常是发生食物中毒感染的潜伏期范围,如果食物中毒的个别患者的潜伏期超过了72h,从流行病学的专业角度就不能纳入该次食物中毒的患者范围。

(三)开展病例搜索

调查组应根据具体情况选用适宜的方法开展病例搜索,可参考以下方法搜索病例:

(1)对可疑餐次明确的事故,如因聚餐引起的食物中毒,可通过收集参加聚餐人员的名单来搜索全部病例。

(2)对发生在工厂、学校、托幼机构或其他集体单位的事故,可要求集体单位负责人或校医(厂医)等通过查阅缺勤记录、晨检和校医(厂医)记录,收集可能发病人员。

(3)事故涉及范围较小,或病例居住地相对集中,或有死亡或重症病例发生时,可采用入户搜索的方式。

（4）事故涉及范围较大,或病例人数较多时,应建议卫生行政部门组织医疗机构查阅门诊就诊日志、出入院登记、检验报告登记等,搜索并报告符合病例定义者。

（5）事故涉及市场流通食品,且食品销售范围较广或流向不确定,或者事故影响较大等,应通过疾病监测报告系统收集分析相关病例报告,或建议卫生行政部门向公众发布预警信息,设立咨询热线,通过督促类似患者就诊来搜索病例。

病例搜索时可采用一览表记录病例发病时间、临床表现等信息。

（四）进行个案调查

1. 调查方法

根据患者的文化水平及配合程度,结合病例搜索的方法要求,可选择面访调查、电话调查或自填式问卷调查。个案调查可与病例搜索相结合,同时开展。个案调查应使用一览表或个案调查表,采用相同的调查方法进行。

2. 调查内容

通过个案调查要掌握以下情况：发病人数;可疑餐次的同餐进食人数及范围、去向;共同进食的食品;临床表现及共同点（包括潜伏期和临床症状）;用药情况和治疗效果;需要进一步采取的抢救和控制措施。

（1）个案调查收集的信息

① 人口统计学信息：包括姓名、性别、年龄、民族、职业、住址、联系方式等。

② 发病和诊疗情况：包括开始发病的症状、体征,及发生、持续时间,随后的症状、体征及持续时间,诊疗情况及疾病预后,已进行的实验室检验项目及结果等。

③ 饮食史：包括进食餐次、各餐次进食食品品种及数量、进食时间、进食地点,以及进食正常餐次之外的所有其他食品,如零食、饮料、水果、饮水等,特殊食品处理和烹调方式等。

④ 其他个人高危因素信息：包括外出史、与类似病例的接触史、动物接触史、基础疾病史及过敏史等。

（2）个案调查表

个案调查表可参考以下不同事故特点进行设计：

① 病例发病前仅有一个餐次的共同暴露,可参考《聚餐引起的食品安全事故个案调查表》来设计调查表。

② 病例发病前有多个餐次的共同暴露,可参考《学校等集体单位发生的食品安全事故个案调查表》来设计调查表。

（五）描述性流行病学分析

个案调查结束后，应根据一览表或个案调查表建立数据库，及时录入所收集的信息资料，对录入的数据核对后，按照以下内容进行描述性流行病学分析。

1. 临床特征

临床特征分析的内容应包括病例中出现各种症状、体征的人数和比例，并按比例的高低进行排序，举例见表8-4。

表8-4 某起食品安全事故的临床特征分析

症状/体征	人数（$n = 128$）	比例（%）
腹泻	103	80.5
腹痛	65	50.8
发热	54	42.2
头痛	48	37.5
头昏	29	22.5
呕吐	25	19.5
恶心	21	16.4
抽搐	4	3.1

（1）分析疾病的症状和体征。通过对症状和体征的分析，有助于确定疾病的突出症状与体征，从而提示发病系感染性疾病，抑或中毒性疾病，有助于排查引起中毒的食物，判断突发事件的性质，推测中毒病因。

（2）计算发病的潜伏期。潜伏期一般是指从食入病原体到出现第一个症状的时间。潜伏期是疾病的主要特征之一，受致病因子的种类（毒素中毒和化学毒物中毒的潜伏期较短，细菌性中毒的潜伏期较长）、数量、宿主的免疫状况、机体的个体差异等因素的影响。潜伏期按小时计算的有毒素中毒、毒蕈中毒以及农药中毒等化学中毒；潜伏期按天计算的有细菌性食物中毒、病毒性食物中毒。食物中毒的潜伏期计算通常采用中位数方法。

2. 时间分布

时间分布可采用流行曲线等进行描述，流行曲线可直观地显示事故发展所处的阶段，并描述疾病的传播方式，推断可能的暴露时间，反映控制措施的效果。直方图是流行曲线常用形式，绘制直方图的方法如下：

（1）以发病时间为横轴（X轴）、发病人数为纵轴（Y轴），绘制直方图。

（2）横轴的时间单位可选择天、小时或分钟，间隔要相等，一般选择小于

1/4 疾病平均潜伏期。如果潜伏期未知,可试用多种时间间隔绘制,选择其中最适当的流行曲线。

（3）首例前、末例后需保留 1~2 个疾病的平均潜伏期。如调查时发病尚未停止,末例后不保留时间空白。

（4）在流行曲线上标注某些特殊事件或环境因素,如启动调查、采取控制措施等。例图见图 8-2。

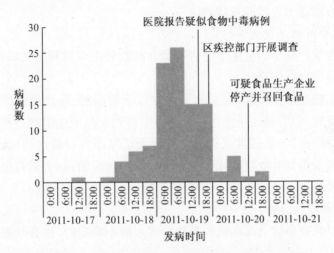

图 8-2　2011 年某地发生食物中毒流行曲线(直方图)

3. 地区分布

可通过绘制标点地图或面积地图来描述事故发病的地区分布。标点地图可清晰显示病例的聚集性以及相关因素对疾病分布的影响,适用于病例数较少的事故;面积地图适用于规模较大、跨区域发生的事故。

4. 人群分布

按病例的性别、年龄(学校或托幼机构常用年级代替年龄)、职业等人群特征进行分组,分析各组人群的罹患率是否存在统计学差异,以推断高危人群,并比较有统计学差异的各组人群在饮食暴露方面的异同,以寻找病因线索。

5. 描述性流行病学结果分析

根据访谈病例、临床特征和流行病学分布,应当提出描述性流行病学的结果分析,并由此对引起事故的致病因子范围、可疑餐次和可疑食品做出初步判断,用于指导临床救治、食品卫生学调查和实验室检验,提出预防控制措施和建议。

（1）分析可疑食物或因素出现的时间。例如,发生食物中毒时,要特别注意有无集会或聚餐,以及聚餐的具体时间。

（2）可用排除法来判断进食日期或餐次。例如,食物中毒发生后分析偶然吃一餐的人员中有无发病,早于或晚于进食时间的人员是否均不发病。

（3）比较进食者与未进食者发生食物中毒罹患率的差异。食用该可疑食物人员的罹患率应该是最高的,未进食者则最低。对食用与未食用可疑食物人员罹患率的差别有无显著性意义需要经过统计学处理来判定,即使没有实验室病原学的证据,也可以从流行病学调查来确定引起食物中毒的食物。常用的统计方法是卡方检验及精确法。

（六）分析性流行病学研究

分析性流行病学研究用于分析可疑食品或餐次与发病的关联性,常采用病例对照研究和队列研究。

在完成描述性流行病学分析后,存在以下情况的,应当继续进行分析性流行病学研究:（1）描述性流行病学分析未得到食品卫生学调查和实验室检验结果支持的;（2）描述性流行病学分析无法判断可疑餐次和可疑食品的;（3）事故尚未得到有效控制或可能有再次发生风险的;（4）调查组认为有继续调查必要的。

1. 病例对照研究

在难以调查事故全部病例或事故暴露人群不确定时,适合开展病例对照研究。

（1）调查对象。选取病例组和对照组作为研究对象。病例组应尽可能选择确诊病例或可能病例。病例人数较少（ < 50 例）时,可选择全部病例;人数较多时,可随机抽取 50 ~ 100 例。对照组来自病例所在人群,通常选择同餐者、同班级、同家庭等未发病的健康人群作为对照,人数应不少于病例组人数,但不超过病例组人数的 4 倍。

（2）调查方法。根据初步判断的结果,设计可疑餐次或可疑食品的调查问卷,采用一致的调查方式对病例组和对照组进行个案调查,收集进食可疑食品或可疑餐次中所有食品的信息以及各种食品的进食量。

（3）计算 OR 值。按餐次或食品品种,计算病例组进食和未进食之比与对照组进食和未进食之比的比值（OR）及 95% 可信区间（CI）。如果 OR > 1 且 95% CI 不包含 1 时,可认为该餐次或食品与发病的关联性具有统计学意义;如果出现 2 个及以上可疑餐次或食品,可采用分层分析、多因素分析方法控制混杂因素的影响。对确定的可疑食品可参考《分析性流行病学研究的资料分析方法》进一步做剂量反应关系的分析。

2. 队列研究

在事故暴露人群已经确定且人群数量较少时,适合开展队列研究。

（1）调查对象。以所有暴露人群作为研究对象，如参加聚餐的所有人员、到某一餐馆用餐的所有顾客、某学校的在校学生、某工厂的工人等。

（2）调查方法。根据初步判断的结果，设计可疑餐次或可疑食品的调查问卷，采用一致的调查方式对所有研究对象进行个案调查，收集发病情况、进食可疑食品或可疑餐次中所有食品的信息以及各种食品的进食量。

（3）计算 RR 值。按餐次或食品进食情况分为暴露组和未暴露组，计算每个餐次或食品暴露组的罹患率和未暴露组的罹患率之比（RR）及 95% CI。如果 RR＞1 且 95% CI 不包含 1 时，可认为该餐次或食品与发病的关联性具有统计学意义。如果出现 2 个及以上可疑餐次或食品，可采用分层分析、多因素分析方法控制混杂因素的影响。对确定的可疑食品进一步做剂量反应关系的分析。

三、食品卫生学调查

食品卫生学调查应在发现可疑食品线索后尽早开展，应针对可疑食品污染来源、途径及其影响因素，对相关食品种植、养殖、生产、加工、储存、运输、销售各环节开展调查，以验证现场流行病学调查结果，为查明事故原因、采取预防控制措施提供依据。

（一）调查方法与内容

调查方法包括访谈相关人员、查阅相关记录、勘查现场、采集样本等。

1. 访谈相关人员

访谈对象包括可疑食品生产经营单位负责人、加工制作人员及其他知情人员等。访谈内容包括可疑食品的原料及配方、生产工艺，加工过程的操作情况及是否出现停水、停电、设备故障等异常情况，从业人员中是否有发热、腹泻、皮肤病或化脓性伤口等。

2. 查阅相关记录

查阅可疑食品进货记录、可疑餐次的食谱或可疑食品的配方、生产加工工艺流程图、生产车间平面布局图等资料，生产加工过程关键环节时间、温度等记录，设备维修、清洁、消毒记录，食品加工人员的出勤记录，可疑食品销售和分配记录等。

3. 勘查现场

在访谈和查阅资料的基础上，可绘制流程图，标出可能的危害环节和危害因素，初步分析污染原因和途径，便于进行现场勘查和采样。

现场勘查应当重点围绕可疑食品从原材料、生产加工、成品存放等环节存在的问题进行。了解食品加工场所的卫生状况、食物的来源以及可能的污染环节和方式。

（1）原材料。根据食品配方或配料,勘查原料储存场所的卫生状况、原料包装有无破损情况、是否与有毒有害物质混放,测量储存场所的温度;检查用于食品加工制作前的感官状况是否正常,是否使用高风险食品,是否误用有毒有害物质或者含有有毒有害物质的原料等。

（2）配方。食品配方中是否存在超量、超范围使用食品添加剂,是否非法添加有毒有害物质,是否使用高风险配料等。

（3）加工用水。供水系统设计布局是否存在隐患,是否使用自备水井及其周围有无污染源。

（4）加工过程。生产加工过程是否满足工艺设计要求。

（5）成品储存。查看成品存放场所的条件和卫生状况,观察有无交叉污染环节,测量存放场所的温度、湿度等。

（6）从业人员健康状况。查看接触可疑食品的工作人员健康状况,是否存在可能污染食品的不良卫生习惯,有无发热、腹泻、皮肤化脓破损等情况。

4. 采集样本

根据病例的临床特征、可疑致病因子或可疑食品等线索,应尽早采集相关原料、半成品、成品及环境样品。对怀疑存在生物性污染的,还应采集相关人员的生物标本。如果未能采集到相关样本,应做好记录,并在调查报告中说明原因。

（1）采样原则。采样应本着及时性、针对性、适量性和不污染的原则进行,以尽可能采集到含有致病因子或其特异性检验指标的样本。

（2）样本的采集、保存和运送。样本的采集、登记和管理应符合有关采样程序的规定,采样时应填写采样记录,记录采样时间、地点、数量等,由采样人（两人）和被采样单位或被采样人签字。

所有样本必须有牢固的标签,标明样本的名称和编号;每批样本应按批次制作目录,详细注明该批样本的清单、状态和注意事项等。样本的包装、保存和运输必须符合生物安全管理的相关规定。

（3）注意事项。现场遗留的食物、化学品、容器是首先应采集的样本,此外还应考虑采集水和其他有关物品。采样操作要防止污染,采集足够的样品量,样本的运输和保存要确保不发生降解和变质。对那些可能有环境和生物本底的毒物样本要尽快送检。采样容器以清洁的玻璃器皿为佳。采得的样本应低温下保存,以减缓样本的降解和变质,并尽快分析测定。样本运输前应在低温下冷冻数小时,然后移入保温瓶或保温箱,并放入冰块或干冰。

（二）基于致病因子类别的重点调查

初步推断致病因子类型后，应针对生产加工环节有重点地开展食品卫生学调查，参见表8-5。

表8-5 不同致病因子类型食品卫生学调查重点环节

环节	致病因子				
	致病微生物	有毒化学物	动植物毒素	真菌毒素	其他
原料	+	+ +	+ +		+
配方		+ +			+
生产加工人员	+ +				+
加工用具、设备	+	+			+
加工过程	+ +	+		+	+
成品保存条件	+ +	+			+

"＋＋"指该环节应重点调查，"＋"指该环节应开展调查。

对可疑食物加工制作情况的调查询问、搜集证据，对可疑食物的加工制作场所的调查重点应围绕病原物质的污染源和污染方式，食品加工期间影响食品中病原菌或毒素残存和微生物繁殖的因素。

通过调查，应确定引起该起食物中毒的具体原因，并指出控制病原物质污染、增殖或残存的关键环节及其控制措施，以防止今后再次发生类似事件。

四、样本实验室检验

样本检验包括病原微生物学检验（细菌和霉菌毒素的检测）、理化检验和毒理学检验，必要时进行动物试验。

（一）确定检验项目和检验机构

为提高实验室检验效率，调查组在对已有调查信息认真研究分析的基础上，根据流行病学初步判断提出检验项目。在缺乏相关信息支持、难以确定检验项目时，应妥善保存样本，待相关调查提供初步判断信息后再确定检验项目和送检。调查机构应组织具备相应检验能力的实验室开展检验工作。如果有困难，应及时联系其他实验室或报请同级卫生行政部门协调解决。

（二）实验室检验

样本应当尽可能在采集后24h内进行检验。实验室应当妥善保存标本和样品，并按照规定期限留样。

（1）实验室应依照相关检验工作规范的规定，及时完成检验任务，出具检验报告，对检验结果负责。

（2）在样本量有限的情况下，要优先考虑对最有可能导致疾病发生的致病因子进行检验。

（3）开始检验前，可使用快速检验方法筛选致病因子。

（4）对致病因子的确认和报告应优先选用国家标准方法。在没有国家标准方法时，可参考行业标准方法、国际通用方法。如果需要采用非标准检测方法，应严格按照实验室质量控制管理要求实施检验。

（5）承担检验任务的实验室应当妥善保存样本，并按相关规定期限留存样本和分离到的菌株或毒株。

（三）致病因子检验结果的解释

致病因子检验结果不仅与实验室条件和检验人员的技术能力有关，还可能受到样本的采集、保存、送样条件等因素的影响，对致病因子的判断应结合致病因子检验结果与事故病因的关系进行综合分析。

（1）检出致病因子阳性或者多个致病因子阳性时，需判断检出的致病因子与本次事故的关系。事故病因的致病因子应与大多数病例的临床特征、潜伏期相符，调查组应注意排查剔除偶合病例、混杂因素以及与大多数病例的临床特征、潜伏期不符的阳性致病因子。

（2）可疑食品、环境样品与病例生物标本中检验出相同的致病因子，是确认事故食品或污染原因较为可靠的实验室证据。

（3）未检出致病因子阳性结果，亦可能为假阴性，需排除以下原因：① 没能采集到含有致病因子的样本或采集的样本量不足，无法完成有关检验；② 采样时病人已用药治疗，原有环境已被处理；③ 因样本包装和保存条件不当导致致病微生物失活、化学毒物分解等；④ 实验室检验过程存在干扰因素；⑤ 现有的技术、设备和方法不能检出；⑥ 存在尚未被认知的新致病因子等。

（4）不同样本或多个实验室检验结果不完全一致时，应分析样本种类、来源、采样条件、样本保存条件、不同实验室所采用的检验方法、试剂等的差异。

五、调查资料的分析与判断

调查结论包括是否定性为食物中毒，以及中毒范围、发病人数、致病因子、污染食品与污染原因。不能做出调查结论的事项应当说明原因。

（一）做出调查结论的依据

调查组应当在综合分析现场流行病学调查、食品卫生学调查和实验室检验三方面结果的基础上，依据相关诊断原则，做出事故调查结论。卫生行政部门认为需要开展补充调查时，调查机构应当根据卫生行政部门通知开展补充调查，结合补充调查结果，再做出调查结论。

在确定致病因子、致病食品或污染原因时,应当参照相关诊断标准或规范,并参考以下推论原则:

(1)现场流行病学调查结果、食品卫生学调查结果和实验室检验结果相互支持的,调查组可以做出调查结论。

(2)现场流行病学调查结果得到食品卫生学调查或实验室检验结果之一支持的,如果结果具有合理性且能够解释大部分病例的,调查组可以做出调查结论。

(3)现场流行病学调查结果未得到食品卫生学调查和实验室检验结果支持,但现场流行病学调查结果可以判定致病因子范围、致病餐次或致病食品,经调查机构专家组 3 名以上具有高级职称的专家审定,可以做出调查结论。

(4)现场流行病学调查、食品卫生学调查和实验室检验结果不能支持事故定性的,应当做出相应调查结论并说明原因。

(二)调查结论中因果推论应当考虑的因素

(1)关联的时间顺序:可疑食品进食在前,发病在后。

(2)关联的特异性:病例均进食过可疑食品,未进食者均未发病。

(3)关联的强度:OR 值或 RR 值越大,可疑食品与事故的因果关联性越大。

(4)剂量反应关系:进食可疑食品的数量越多,发病的危险性越高。

(5)关联的一致性:病例临床表现与检出的致病因子所致疾病的临床表现一致,或病例生物标本与可疑食品或相关的环境样品中检出的致病因子相同。

(6)终止效应:停止食用可疑食品或者采取有针对性的控制措施以后,经过疾病的一个最长潜伏期后没有新发病例。

(三)撰写调查报告

调查机构可参考《食品安全事故流行病学调查信息整理表》格式和内容整理资料,按《食品安全事故流行病学调查报告提纲》的框架和内容撰写调查报告,向同级卫生行政部门提交对本次事故的流行病学调查报告。撰写调查报告应注意以下事项:

(1)按照先后次序介绍事故调查内容、结果汇总和分析等调查情况,并根据调查情况得出调查结论和提出建议。

(2)调查报告的内容必须客观、准确、科学,报告中有关事实的认定和证据要符合有关法律、标准和规范的要求,防止主观臆断。

(3)调查报告要客观反映调查过程中遇到的问题和困难,以及相关部门的支持配合情况和相关改进建议等。

(4)复制用于支持调查结论的分析汇总表格、病例名单、实验室检验报告等,作为调查报告的附件。

(5)调查报告内容与初次报告、进程报告不一致的,应当在调查报告中予以说明。

对于符合突发公共卫生事件报告要求的事故,应按相关规定进行网络直报。

六、采取预防性控制措施

向卫生行政部门建议采取预防性控制措施,包括综合性措施和特异性措施。

(一)综合性措施

1. 防止疾病扩散的措施

如果已经查明或有足够的证据怀疑引起发病的某种中毒食品,可针对具体情况采取相应的措施,即公告追回或就地封存等措施控制中毒食品;对已经受到感染的人员应注意观察;对食品加工过程中存在的、与引起食物中毒有关的不当行为采取相应的限制措施。

2. 针对病人的措施

采取综合性治疗措施,清除已经摄入的食物,如催吐、洗胃、灌肠等,还可以采取补充液体、电解质等支持治疗方法。

(二)特异性措施

主要针对病人,控制病情发展。如果致病因子已经查明,就可以对病人采取有针对性的治疗措施。如为某种细菌性感染,可采用抗生素治疗;如系某种农药中毒,可按照中毒农药的种类予以相应的治疗。有机磷农药通常采用阿托品和解磷定,以解除有机磷农药对胆碱酯酶活性的抑制;肉毒中毒可采用单价或多价肉毒抗毒素治疗等。常见食物中毒特效解毒剂及储备量见表8-6。

表8-6　常见食物中毒特效解毒剂及储备量

药品	1人份使用量	储备	治疗种类
乙酰胺	2.5g×20支	100人份	氟乙酰胺、氟乙酸钠、苷氟
二巯丙磺酸钠	0.125g×24支	100人份	重金属类
解磷定注射液	20支	100人份	有机磷类
氯解磷定	0.5g×14支	100人份	有机氯类
亚甲蓝	20mg×5支	100人份	亚硝酸盐及其他高铁血红蛋白血症类毒物
阿托品	10mg×20支	100人份	有机磷类
阿托品	1mg×20支	100人份	有机磷类

附录1

中华人民共和国国家标准《食物中毒诊断标准与技术处理总则》
GB14938—94

1 主题内容与适用范围

本标准规定了食物中毒诊断标准及技术处理总则。

本标准适用于食物中毒。

2 引用标准

GB4789 食品卫生检验方法(微生物学部分)。

GB5009 食品卫生检验方法(理化部分)。

3 术语

3.1 食物中毒:指摄入了含有生物性、化学性有毒有害物质的食品或者把有毒有害物质当作食品摄入后出现的非传染性(不属于传染病)的急性、亚急性疾病。

3.2 中毒食品:指含有有毒有害物质并引起食物中毒的食品。

3.2.1 细菌性中毒食品:指含有细菌或细菌毒素的食品。

3.2.2 真菌性中毒食品:指被真菌及其毒素污染的食品。

3.2.3 动物性中毒食品,主要有二种:

a. 将天然含有有毒成分的动物或动物的某一部分当作食品;

b. 在一定条件下,产生了大量有毒成分的可食的动物性食品(如鲐鱼等)。

3.2.4 植物性中毒食品,主要有三种:

a. 将天然含有有毒成分的植物或其加工制品当作食品(如桐油、大麻油等);

b. 将在加工过程中未能破坏或除去有毒成分的植物当作食品(如木薯、苦杏仁等);

c. 在一定条件下,产生了大量的有毒成分的可食的植物性食品(如发芽马铃薯等)。

3.2.5 化学性中毒食品,主要有四种:

a. 被有毒有害的化学物质污染的食品;

b. 误为食品、食品添加剂、营养强化剂的有毒有害的化学物质;

c. 添加非食品级的或伪造的或禁止使用的食品添加剂、营养强化剂的食品,以及超量使用食品添加剂的食品;

d. 营养素发生化学变化的食品(如油脂酸败)。

4 诊断标准总则

4.1 食物中毒诊断标准总则

食物中毒诊断标准主要以流行病学调查资料及病人的潜伏期和中毒的特有表现为依据。实验室诊断是为了确定中毒的病因而进行的。

4.1.1 中毒病人在相近的时间内均食用过某种共同的中毒食品，未食用者不中毒。停止食用中毒食品后，发病很快停止。

4.1.2 潜伏期较短，发病急剧，病程亦较短。

4.1.3 所有中毒病人的临床表现基本相似。

4.1.4 一般无人与人之间的直接传染。

4.1.5 食物中毒的确定应尽可能有实验室诊断资料，但由于采样不及时或已用药或其他技术、学术上的原因而未能取得实验室诊断资料时，可判定为原因不明食物中毒，必要时可由三名副主任医师以上的食品卫生专家进行评定。

4.2 细菌性和真菌性食物中毒诊断标准总则

食入细菌性或真菌性中毒食品引起的食物中毒，即为细菌性食物中毒或真菌性食物中毒，其诊断标准总则主要依据包括：

4.2.1 流行病学调查资料；

4.2.2 病人的潜伏期和特有的中毒表现；

4.2.3 实验室诊断资料，对中毒食品或与中毒食品有关的物品或病人的标本进行检验的资料。

4.3 动物性和植物性食物中毒诊断标准总则

食入动物性或植物性中毒食品引起的食物中毒，即为动物性或植物性食物中毒。其诊断标准总则主要依据包括：

4.3.1 流行病学调查资料；

4.3.2 病人的潜伏期和特有的中毒表现；

4.3.3 形态学鉴定资料；

4.3.4 必要时应有实验室诊断资料，对中毒食品进行检验的资料；

4.3.5 有条件时，可有简易动物毒性试验或急性毒性试验资料。

4.4 化学性食物中毒诊断标准总则

食入化学性中毒食品引起的食物中毒，即为化学性食物中毒。其诊断标准总则主要依据包括：

4.4.1 流行病学调查资料；

4.4.2 病人的潜伏期和特有的中毒表现；

4.4.3 需要时，可有病人的临床检验或辅助、特殊检查的资料；

4.4.4 实验室诊断资料，对中毒食品或与中毒食品有关的物品或病人的标本进行检验的资料。

4.5 致病物质不明的食物中毒诊断标准总则

食入可疑中毒食品后引起的食物中毒,由于取不到样品或取到的样品已经无法查出致病物质或者在学术上中毒物质尚不明的食物中毒,其诊断标准总则主要依据包括:

4.5.1 流行病学调查资料;

4.5.2 病人的潜伏期和特有的中毒表现。

注:必要时由三名副主任医师以上的食品卫生专家进行评定。

4.6 食物中毒病人的诊断由食品卫生医师以上(含食品卫生医师)诊断确定。

4.7 食物中毒事件的确定由食品卫生监督检验机构根据食物中毒诊断标准及技术处理总则确定。

5 技术处理总则

5.1 对病人采取紧急处理措施,并及时报告当地食品卫生监督检验所。

5.1.1 停止食用中毒食品。

5.1.2 采取病人标本,以备送检。

5.1.3 对病人的急救治疗主要包括:

a. 急救:催吐、洗胃、清肠;

b. 对症治疗;

c. 特殊治疗。

5.2 对中毒食品进行控制处理

5.2.1 保护现场,封存中毒食品或疑似中毒食品。

5.2.2 追回已售出的中毒食品或疑似中毒食品。

5.2.3 对中毒食品进行无害化处理或销毁。

5.3 对中毒场所进行消毒处理

根据不同的中毒食品,对中毒场所采取相应的消毒处理措施。

附录 2

现有食物中毒的诊断和技术处理卫生部行业标准清单

细菌性食物中毒诊断标准及处理原则:

1. WS/T7—1996 产气荚膜梭菌食物中毒诊断标准及处理原则;

2. WS/T8—1996 病原性大肠埃希菌中毒诊断标准及处理原则;

3. WS/T9—1996 变形杆菌食物中毒诊断标准及处理原则;

4. WS/T12—1996 椰毒假单胞菌酵米面亚种食物中毒诊断标准及处理

原则；

    5. WS/T13—1996 沙门菌食物中毒诊断标准及处理原则；

    6. WS/T80—1996 葡萄球菌食物中毒诊断标准及处理原则；

    7. WS/T81—1996 副溶血弧菌食物中毒诊断标准及处理原则；

    8. WS/T82—1996 蜡样芽孢杆菌食物中毒诊断标准及处理原则；

    9. WS/T83—1996 肉毒梭菌食物中毒诊断标准及处理原则。

真菌毒素食物中毒诊断标准及处理原则：

1. WS/T10—1996 变质甘蔗食物中毒诊断标准及处理原则；

2. WS/T11—1996 霉变谷物中呕吐毒素食物中毒诊断标准及处理原则。

植物性食物中毒诊断标准及处理原则：

1. WS/T3—1996 曼陀罗食物中毒诊断标准及处理原则；

2. WS/T4—1996 毒麦食物中毒诊断标准及处理原则；

3. WS/T5—1996 含氰苷类食物中毒诊断标准及处理原则；

4. WS/T6—1996 桐油食物中毒诊断标准及处理原则；

5. WS/T84—1996 大麻油食物中毒诊断标准及处理原则。

化学性食物中毒诊断标准及处理原则：

1. WS/T85—1996 食源性急性有机磷农药中毒诊断标准及处理原则；

2. WS/T86—1996 食源性急性亚硝酸盐中毒诊断标准及处理原则。

食品安全监督管理

第一节　食品安全法规体系

食品安全法律法规是指以法律或政令形式颁布的,对全社会具有约束力的权威性规定。食品安全法律体系是由中央和地方权力机构和政府颁布的有有机联系的现行法律法规等构成的统一整体。

一、食品安全法律体系构成

食品安全法律体系的构成包括:① 食品安全法律;② 食品安全法规;③ 食品安全规章;④ 食品安全标准;⑤ 其他规范性文件。

(一)食品安全法律

法律由全国人民代表大会审议通过、国家主席签发,其法律效力最高,也是制定相关法律、规章及其他规范性文件的依据。目前我国的食品安全相关法律主要包括《中华人民共和国食品安全法》(2015)、《中华人民共和国农产品质量安全法》(2006)和《中华人民共和国进出境动植物检疫法》(1996)等。

新《中华人民共和国食品安全法》由第十二届全国人民代表大会常务委员会第十四次会议于2015年4月24日修订通过,自2015年10月1日起施行。《食品安全法》针对百姓关心的网络食品、转基因食品、保健品食品、婴幼儿乳粉、食品添加剂问题进行了详细的规范,包括总则、食品安全风险监测和评估、食品安全标准、食品生产经营、食品检验、食品进出口、食品安全事故处置、监督管理、法律责任、附则共十章154条。

在我国的法律体系中,宪法是最高层次的,其他所有法律都必须符合宪法的规定。刑法、民法和三部诉讼法(即刑事、民事、行政诉讼法)为第二层次。《食品安全法》等专门法则属于第三层次,即与《食品安全法》有关的刑事案件,必须以刑法为依据;有关的民事纠纷也必须以民法通则为依据。涉及《食品安全法》的刑事案件、民事案件、行政诉讼案件则分别按三部诉讼法的规定执行。

(二) 食品安全法规

食品安全法规包括行政法规和地方法规。

(1) 行政法规:由国务院制定。如《中华人民共和国食品安全法实施条例》(2009)、《乳品质量安全监督管理条例》(2008)、《突发公共卫生事件应急条例》(2003)、《农业转基因生物安全管理条例》(2001)等。

(2) 地方法规:由地方(省、自治区、直辖市、省会城市和计划单列市)人民代表大会及其常务委员会制定。如《上海市清真食品管理条例》(2000)、《广东省食品安全条例》(2007)、《北京市食品安全条例》(2007)、《江苏省农产品质量安全条例》(2011)、《成都市食用农产品质量安全条例》(2006)等。

食用安全法规的法律效力低于食品安全法律,高于食品安全规章。

(三) 食品安全规章

食品安全规章包括部门规章和地方规章。

(1) 部门规章:指国务院各部门根据法律和国务院的行政法规,在本部门的权限内制定的规定、办法、实施细则、规则等规范性文件。如卫生部制定的《新资源食品管理办法》(2008)、《食品安全事故流行病学调查工作规范》(2011)、《食品安全地方标准管理办法》(2011),农业部制定的《饲料添加剂安全使用规范》(2009)和《生鲜乳产品收购管理办法》(2008)等。

(2) 地方规章:指省、自治区、直辖市、省会城市和计划单列市人民政府根据法律和行政法规制定的适用于本地区行政管理工作的规定、办法、实施细则、规则等规范性文件,如《上海市集体用餐配送监督管理办法》(2005)、《重庆市食品安全管理办法》(2010)、《江苏省食品安全信息公开暂行办法》(2011)等。

食品安全规章的法律效力低于食品安全法律和食品安全法规,但也是食品安全法律体系的重要组成部分。人民法院在审理食品安全行政诉讼案件过程中,规章可起到参照作用。

(四) 食品安全标准

食品安全法律规范具有很强的技术性,常常需要有与其配套的食品安全标准。虽然食品安全标准不同于食品安全法律、法规和规章,其性质是属于技术性规范,但也是食品法律体系中不可缺少的部分。《食品安全法》规定,

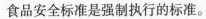

食品安全标准是强制执行的标准。

（五）其他规范性文件

在食品安全法律体系中，还有一类既不属于食品安全法律、法规和规章，也不属于食品安全标准的规范性文件。例如，省、自治区、直辖市人民政府卫生行政部门制定的食品安全相关管理办法、规定等。此类规范性文件的制定单位虽然是不具有规章以上规范性文件制定权的省级人民政府行政部门，但也是依据《食品安全法》授权制定的、属于委任性的规范性文件，故也是食品安全法律体系中的一部分。

二、食品安全法调整的法律关系

任何法律均有其各自调整的法律关系。食品安全法调整的法律关系是指各级人民政府卫生行政部门和其他授权部门在食品安全监督管理活动中与行政管理相对人产生的权利和义务关系，由食品安全法律关系的主体、客体和内容三个要素构成。

（一）食品安全法律关系的主体

行政法律关系的主体即行政法律关系的当事人。它是指在行政法律关系中享有权利和承担义务的组织或个人，一般以国家行政机关和法律、法规授权的组织作为执法主体，相关企业和公民等作为行政管理相对人。根据《食品安全法》规定，食品安全法律关系中执法主体一方为县级以上人民政府卫生行政部门、农业行政、质量监督、工商行政管理、食品药品监督管理部门；行政管理相对人一方为在中华人民共和国境内从事食品、食品添加剂、食品相关产品的生产经营，食品生产经营者使用食品添加剂、食品相关产品，以及对食品、食品添加剂和食品相关产品进行安全管理等活动的法人、公民和其他组织。管理相对人在食品生产经营活动中如果违反食品安全法律法规，应承担食品安全行政法律责任。主体双方在食品安全法律关系中是一种监督与被监督的关系，即只需要监督主体单方面做出行政行为，而不需要征得生产经营者的同意，该法律关系即成立。

（二）食品安全法律关系的客体

行政法律的客体是指行政法律关系主体的权利和义务所指向的标的或对象，包括物质、行为和精神等。由于食品安全法律关系的特殊性，其客体主要由物质和行为组成，包括一切食品、食品添加剂、食品容器、包装材料、洗涤剂、消毒剂和食品生产经营工具、设备及食品生产经营场所、设施、有关环境，以及食品生产经营者为保证食品安全而履行的行为。

（三）食品安全法律关系的内容

行政法律关系的内容是指行政法律关系的主体在行政法律关系中所享有的权利和所承担的义务。食品安全法律关系的内容即为《食品安全法》规定的食品安全监督管理各部门在监督管理中与行政管理相对人所形成的权利和义务。它是食品安全监督行政权的体现。

1. 形成权

形成权是指食品安全监督管理各部门可依法做出产生、变更或终止某种法律关系的权利，即赋予行政管理相对人一定的法律身份的权力，主要形式包括核发卫生许可证、健康证及食品、食品添加剂和食品相关产品的审批等。

2. 管理权

管理权是指食品安全监督管理各部门在管辖范围内依照所规定的职责采取相应食品安全管理措施的权利，如经常性的监督检查等。

3. 命令权

命令权是指食品安全监督管理各部门有权命令行政管理相对人作为或者不作为。例如，可要求食品生产经营者禁止生产经营《食品安全法》第四章第二十八条规定的食品等。相对人若不履行命令，则构成违法。

4. 处罚权

处罚权是指食品安全监督管理各部门对违反《食品安全法》的行政管理相对人依法实施行政处罚的权利。处罚种类包括罚款、没收违法所得、销毁违法产品、吊销卫生许可证等。

食品安全监督管理各部门在享有食品安全监督行政权的同时，还必须履行该法规定的义务，如食品安全信息公布、营养知识宣传、卫生技术指导等。行政管理相对人的权利和义务在《食品安全法》中也有规定或体现，如相对人享有合法生产经营的权利，要求食品安全监督管理各部门对所采集的样品提供检验报告、对检验结果有异议时可申请复检和行政诉讼等权利；同时应承担《食品安全法》规定的必须履行的义务。

三、食品安全法律规范

食品安全法律规范是指国家制定的规定食品安全监督管理行政部门和管理相对人的权利和义务，并由国家强制实施的一系列法律法规和标准的总称。食品安全法律规范的结构与其他法律规范基本相同，即都由适用条件、行为模式和法律后果三部分构成。

（一）食品安全法律规范的分类

1. 按食品安全法律规范本身的性质分类

（1）授权性规范：指授予主体某种权利的法律规范。它不规定主体作为或者不作为，而授予主体自主选择。在法律条文中表述此类法律规范，常用"有权""可以"等文字进行表达。如《食品安全法》第五章第五十三条规定："食品生产经营者未依照本条规定召回或停止经营不符合食品安全标准的食品的，县级以上质量监督、工商行政管理、食品药品监督管理部门可以责令其召回或停止经营。"

（2）义务性规范：指规定主体必须做出某种行为的法律规范。法律条文在表述此类规范时，多用"必须""应当"等字样。如《食品安全法》第一章第三条规定："食品生产经营者应当依照法律、法规和食品安全标准从事生产经营活动，对社会和公共负责，保证食品安全，接受社会监督，承担社会责任。"

（3）禁令性规范：指规定主体不得做出某种行为的法律规范。法律条文在表述此类规范时，多用"禁止""不得"等字样。如《食品安全法》第四章第三十四条规定："患有痢疾、伤寒、病毒性肝炎等消化道传染病的人员，以及患有活动性肺结核、化脓性或渗出性皮肤病等有碍食品安全的疾病的人员，不得从事接触直接入口食品的工作。"

2. 按食品安全法律规范对主体的约束程度分类

（1）强制性规范：指主体必须严格按照规定作为或不作为，不允许主体做任何选择的法律规范。此类法律规范多属于义务性规范和禁令性规范。

（2）任意性规范：指主体在不违反法律和道德的前提下，可按自己的意志选择作为或不作为的法律规范。任意性规范多属于授权性规范。

3. 按食品安全法律规范内容的确定方式分类

（1）确定性规范：指直接明确规定某一行为规范的法律规范。

（2）准用性规范：指没有直接规定规范的内容，只规定了在适用该规范时准予援用该规范所指定的其他规范的法律规范。准用性规范只需列入它所准用的规范内容，即成为确定性规范。

（3）委任性规范：指没有规定规范的内容，但指出了该规范的内容由某一专门单位加以规定的法律规范。准用性规范与委任性规范都属没有直接规定某一行为规则具体内容的法律规范，两者之间的区别是，前者准予援用的规范是已有明文规定的法律规范，后者则是尚无明文规定的非确定性规范。

（二）食品安全法律规范的效力

食品安全法律规范的效力范围即适用范围，由法律规范的空间效力、时间效力和对人的效力三个部分组成。

1. 空间效力

空间效力即食品安全法律规范适用的地域范围。法律规范的空间效力是由国家的立法体制决定的。在我国,由全国人大及其常委会制定的法律在全国范围内有效。《食品安全法》是由全国人大常委会制定的,故在全国范围内有效。

2. 时间效力

时间效力即食品安全法律规范何时生效、何时失效及对生效前发生的行为有无溯及力等。我国《食品安全法》第一百〇四条规定"本法自 2009 年 6 月 1 日起施行",且《食品安全法》对其生效前的行为没有溯及力。

3. 对人的效力

对人的效力即食品安全法律规范在确定的时间和空间范围内适用于哪些公民、法人和其他组织。《食品安全法》对人的效力采用的是属地原则,即具体适用于在中华人民共和国境内从事食品、食品添加剂、食品相关产品的生产经营,对食品生产经营者使用食品添加剂、食品相关产品以及对食品、食品添加剂和食品相关产品的安全管理等活动的一切单位和个人。

第二节　食品安全标准

标准是指在一定的范围内获得最佳秩序,对活动或其结果规定共同的和重复使用的规则、导则或特征性的文件。食品安全标准是判定食品是否符合安全卫生要求的重要技术依据,对食品安全监督管理有重要意义。

一、食品安全标准的概念、性质和意义

（一）食品安全标准的概念

食品安全标准是指对食品中具有与人类健康相关的质量要素和技术要求及其检验方法、评价程序等所做的规定。这些规定通过技术研究,形成特殊形式的文件,经与食品有关各部门进行协商和严格的技术审查后,由国务院卫生行政部门或省级卫生行政部门发布,作为共同遵守的准则和依据。

（二）食品安全标准的性质

1. 政策法规性

按照《食品安全法》规定,我国食品安全国家标准由国务院卫生行政部门负责制定、公布,国务院标准化行政部门提供国家标准编号。食品安全地方标准由省、自治区、直辖市人民政府卫生行政部门组织制定。因此,食品安全标准被赋予了其在法制化食品安全管理中的法规特性。

2. 科学技术性

科学技术性是标准的本质。标准是科学技术的产物,只有基于科学制定的标准才能对食品安全监督管理的技术起到支撑作用。

3. 强制性

根据《中华人民共和国标准化法》的规定,凡是涉及人体健康与安全的标准,都应是强制性标准。《食品安全法》规定,食品安全标准是强制执行的标准。凡生产加工经营不符合食品安全标准的食品,应给予相应的行政处罚。

4. 社会性和经济性

社会性和经济性主要是指执行食品安全标准所能产生的社会和经济效益。食品安全标准的实施,可有效控制和保证食品中与健康相关的质量要素,防止食源性疾病的发生,保障消费者健康,产生明显的社会效益。食品安全标准的经济效益包括直接效益和间接效益两方面。例如,减少食品资源的浪费、避免食品安全问题引发的经济纠纷、促进食品的进出口贸易等均为直接经济效益,减少因食源性疾病产生的疾病负担、提高国民劳动生产力、促进经济发展等为间接经济效益。

(三) 食品安全标准的意义

食品安全标准对于保障国民身体健康、维护社会稳定和谐、促进经济增长有重要意义。

1. 食品安全标准是食品安全法律法规体系的重要组成部分

《食品安全法》明确规定,禁止生产经营不符合食品安全标准或要求的食品。食品安全标准作为实施《食品安全法》的技术支撑,是食品安全法律法规体系的重要组成部分。

2. 食品安全标准是食品安全法制化管理的重要依据

《食品安全法》第九章明确规定,凡生产经营不符合食品安全标准的食品,将予以相应的行政处罚。故食品安全标准是鉴别和评价食品产品安全质量及其生产经营行为是否合法的重要依据,是食品安全监督执法的前提。

3. 食品安全标准是维护国家主权、促进食品国际贸易的技术保障

随着我国加入 WTO,食品进出口贸易日趋增长。WTO 在其《卫生和植物卫生措施协定》(SPS 协定) 及《贸易技术壁垒协定》(TBT 协定) 中指出,各成员国有权根据各国国民的健康需要制定各自的涉及健康与安全的食品标准。我国制定食品安全标准,一方面可有效阻止国外低劣食品进入国内市场,保障我国消费者健康,对维护国家主权和利益起到技术保障作用;另一方面可为提高我国进出口食品的安全性,增强我国食品的国际竞争力起到技术支持作用。所以,食品安全标准对于我国国际食品贸易的发展发挥了重要作用。

二、食品安全标准的分类

经过几十年的建设,我国已初步形成了门类齐全、结构相对合理、具有一定配套性和完整性的食品安全标准体系。目前,我国已发布涉及食品安全的国家标准包括农产品产地环境、灌溉水质、农业投入品合理使用准则,良好农业操作规范,动植物检疫规程,食品中农药、兽药、污染物、有害微生物等限量标准,食品添加剂质量及使用标准,食品包装材料卫生标准,特殊膳食食品标准,食品标签标识标准,食品安全生产过程管理和控制标准,以及食品检测方法标准等,基本涵盖了从食品生产、加工、流通到最终消费的各个环节。

根据不同的分类原则,食品安全标准可分为不同的类型。

（一）按食品安全标准的适用对象分类

（1）食品原料与产品安全标准。此类标准又可按食品的类别(如粮食及其制品、食用油脂、调味品类等)分为21类食品安全标准。

（2）食品添加剂使用标准。

（3）营养强化剂使用标准。

（4）食品容器与包装材料标准。

（5）食品中农药最大残留限量标准。

（6）食品中真菌与真菌毒素限量标准。

（7）食品中污染物限量标准。

（8）食品中激素(植物生长素)、抗生素及其他兽药限量标准。

（9）食品企业生产卫生规范。

（10）食品标签标准。

（11）辐照食品安全标准。

（12）食品检验方法标准。食品检验方法标准包括:① 食品微生物检验方法标准;② 食品理化检验方法标准;③ 食品安全性毒理学评价程序与方法标准;④ 食品营养素检验方法标准。

（13）其他。例如,食品餐饮具洗涤剂、消毒剂标准等。

（二）按标准发生作用的范围或其审批权限分类

1. 国家食品安全标准

国家食品安全标准是指对需要在全国范围内统一的食品安全质量要求所制定的标准。由国务院卫生行政部门负责制定、公布,国务院标准化行政部门提供国家标准编号。

2. 食品安全地方标准

对于没有食品安全标准,但需要在省、自治区、直辖市范围内统一实施的,可制定食品安全地方标准。省级卫生行政部门负责制定、公布、解释食品安全地方标准。卫生部负责食品安全地方标准备案。食品添加剂、食品相关产品、新资源食品、保健食品不得制定食品安全地方标准。

3. 企业标准

国家鼓励食品生产企业制定严于食品安全国家标准或地方标准的企业标准。企业标准应报省级卫生行政部门备案,在本企业内部适用。

(三)按标准的约束性分类

《食品安全法》第三章第十九节规定,食品安全标准是强制执行的标准。除食品安全标准外,不得制定其他的食品强制性标准。所以,我国的食品安全标准均为强制性标准,而其他一般性的食品质量标准可以作为推荐性标准使用。

三、食品安全标准的制定

(一)食品安全标准的制定依据

1. 法律依据

《食品安全法》和《标准化法》是制定食品安全标准的主要法律依据。《中华人民共和国标准化法》规定:"所有工业产品都应制定标准。"

(1)国家食品安全标准与地方食品安全标准的制定与批准。《食品安全法》对食品安全标准的制定与批准做出了明确规定,即食品安全国家标准由国务院卫生行政部门负责制定、公布,国务院标准化行政部门提供国家标准编号。食品安全国家标准应当经食品安全国家标准审评委员会审查通过。省、自治区、直辖市人民政府卫生行政部门组织制定安全地方标准,应当参照执行本法有关食品安全国家标准制定的规定,并报国务院卫生行政部门备案。

(2)食品安全标准的适用范围。《食品安全法》第二十六条规定,以下食品以及其相关产品和行为必须制定安全标准:① 食品、食品相关产品的致病性微生物、农药残留、兽药残留、重金属、污染物质以及其他危害人体健康物质的限量规定;② 食品添加剂的品种、使用范围、用量;③ 专供婴幼儿和其他特定人群的主辅食品的营养成分要求;④ 对与卫生、营养等食品安全要求有关的标签、标识、说明书的要求;⑤ 食品生产经营过程的卫生要求;⑥ 与食品安全有关的质量要求;⑦ 与食品安全有关的食品检验方法与规程;⑧ 其他需要制定为食品安全标准的内容。

(3)食品安全标准的技术内容。《食品安全法》将"食品安全"定义为:食品无毒、无害,符合应当有的营养要求,对人体健康不造成任何急性、亚急性或者慢性危害。因此,食品安全标准的技术内容应包括安全和营养相关的所有质量技术要求。

2. 与国际标准协调一致

世界贸易组织(WTO)在其"卫生和植物卫生措施协定(SPS)"中规定,其成员国应按照两种形式制定国家食品标准:一是按照食品国际法典委员会(CAC)的法典标准、导则、卫生规范和推荐指标,制定食品标准或等同采用进口标准。二是出于对本国国民实施特殊的健康保护目的,需自行制定本国食品标准时,要求必须首先对以下两种危险进行评价:① 某种疾病在本国流行及其可能造成的健康和经济危害;② 食品、饮料或饲料中的添加剂、污染物、毒素、致病菌对人或动物健康的潜在危害。WTO 认为,只有在上述评价的基础上,才能制定确实既能保护本国国民身体健康,又不致对食品国际贸易产生技术壁垒作用的食品标准。

3. 科学技术依据

在标准的制定过程中,应当尊重科学,遵循客观规律,保证标准的科学性。《食品安全法》明确规定,制定食品安全标准,应当依据食品安全风险评估结果。同时,制定标准还应合理利用现有的科技成果,与时俱进,使标准具有较强的技术可行性和先进性。

(二) 食品安全标准的主要技术指标

1. 严重危害人体健康的指标

包括致命性微生物与毒素,如沙门菌、金黄色葡萄球菌及其产生的毒素、真菌毒素等;有毒有害化学物质,如砷、铅、汞、镉、多环芳烃类化学物等;放射性污染物等。

2. 反映食品可能被污染及污染程度的指标

如菌落总数、大肠菌群等。

3. 间接反映食品安全质量发生变化的指标

包括水分、含氮化合物、挥发性盐基总氮等。

4. 营养指标

包括碳水化合物、脂肪、蛋白质、矿物质、维生素等营养素和能量、膳食纤维等指标。专供婴幼儿和其他特定人群的主辅食品的营养成分要求尤其重要。

5. 商品质量指标

有些食品的质量规格指标与食品安全质量无直接关系,但又往往难以截然分开。例如,酒类中的乙醇含量、食盐中的氯化钠含量、味精中的谷氨酸钠含量等,这些指标不仅反映了食品的纯度、质量,还能说明其卫生状况和杂质含量等。如:乙醇含量、二氧化碳含量可协助评价防腐作用;氯化钠含量、谷氨酸钠含量可以协助判断食物有无掺假、掺杂,对保证食品安全也有重要作用。

（三）食品中有毒有害物质限量标准的制定

食品中可能存在多种多样的污染物和天然有毒成分,如重金属、农药兽药残留、持久性有机污染物、动植物毒素等。为保障消费者健康,这些有毒有害物质需控制在一定的水平。这类控制限量标准就是食品中有毒有害物质的限量标准,其制定应基于风险评估的基本原则。

1. 风险评估的基本原则

1991 年,FAO/WHO 建议国际食品法典委员会(Codex Alimentarius Commission,CAC)把风险评估原则应用于食品标准的制定过程。1993 年第 20 届 CAC 大会提出,食品安全标准的制定应以风险评估为基础。1995 年、1997 年和 1998 年,FAO/WHO 先后召开了有关风险评估、风险管理和风险交流的专家咨询会议,发布了一系列有关食品安全风险分析基本原理、方法和应用的文件/报告,构建了食品风险分析的基本框架。我国《食品安全法》明确指出,制定食品安全标准应以食品安全风险评估的结果为依据。食品安全风险分析包括风险评估、风险管理和风险交流三部分。风险评估是风险分析的基础,进行风险评估的目的是判定食品中有害物质对人群健康危害的风险程度。风险评估包括危害识别、危害特征描述、暴露评估和风险特征描述四个步骤。

2. 制定食品中有毒有害物质限量标准的具体步骤

根据以上食品安全风险评估的原则和方法,制定食品中有毒有害物质限量的具体步骤如下:

（1）确定动物最大无作用计量(maximal non-effect level,MNL)。MNL 也称无明显作用水平(NOEL)或无明显有害效应水平(NOAEL),系指某一物质在试验时间内,对受试动物不显示任何毒性损害的剂量水平。在确定 MNL 时,应采用动物最敏感的指标或最易受到毒性损害的指标;除观测一般毒性指标外,还应考虑受试物的特殊毒性指标,如致癌、致畸、致突变、迟发性精神毒性等,对具有这些特殊毒性的物质,在制定食品中最大限量标准时应慎重。FAO/WHO 食品添加剂与污染物联合专家委员会(JECFA)提出,对经流行病学确定的已知致癌物,在制定食品中最大限量标准时不必考虑 MNL,而是容许限量越小越安全,最好为零含量。

（2）确定人体每日容许摄入量(acceptable daily intake,ADI)。ADI 是指人类终身每日摄入该物质而对机体不产生任何已知不良效应的剂量,以相对于人体每千克体重的该物质摄入量表示。ADI 一般不可能在人体进行实际测定,主要是根据动物长期毒性试验所得到的最大无作用剂量按体重(kg)换算而来的。为安全起见,在从动物的 MNL 外推到人体 ADI 值时,必须考虑下列两个重要因素:① 动物与人的种间差距,即动物与整个人群的差异。② 人群个体之间的差异,即必须考虑到在整个人群中可能存在着某些敏感个体,他们更易受到该有毒物质的损害。因此,从动物实验所得的 MNL 外推到人体的 ADI 时应有一定的安全系数。此安全系数一般规定为100,即种间差异与个体差异各为10倍。但此系数并非固定不变的,它可根据有毒有害物质的性质与毒性反应强度、暴露人群的种类等的不同而有所不同,如有特殊毒性,或可能是婴幼儿等生理特殊人群经常接触的物质,其安全系数还应加大。

(3) 确定每日总膳食中的容许含量,即组成人体每日膳食的所有食品中含有该物质的总量。由于人体每日接触的有毒物质不仅来源于食品,还有可能来源于空气、饮水或职业性皮肤接触和呼吸暴露等,所以,当按 ADI 计算该物质在食品中的最高容许量时,须先确定在人体摄入该物质的总量中来源于食品的部分所占的比例。一般对于非职业性接触者,食品仍然是有毒物质的主要来源,大致占总量的80% ~ 85%,而来自饮水、空气及其他途径者一般不超过20%。例如,已知某物质的人体 ADI 为 $0.1mg/(kg \cdot d)$(每人每日约6mg),且根据调查,此物质进入人体总量的80%来源于食品,则每日摄入的各种食品中含该物质的总量不应超过6mg×80% =4.8mg,此即该物质在食品中的最高容许含量。

(4) 确定每种食物中的最大容许量。为确定某物质分别在各种食物中的最高容许量,必须通过膳食调查,了解含有该物质的食品种类与人群每日膳食量。以上述物质为例,假设只有一种食物含有该物质,且这种食物的每日摄入量为500g,那么,此种食物中该物质的最大容许量(限量)为 4.8mg×1000/500 =9.6mg/kg(食物)。假如还有另外一种食物中含有该物质,此食物的摄入量为250g,那么,这两种食物中该物质的平均最大容许量为 4.8mg×1000/(500 + 250) =6.4mg/kg(食物)。如果还有第三种或更多食物含有该物质,其平均最大容许量的计算以此类推。

(5) 制定食品中有毒有害物质的限量标准。一般而言,根据上述方法计算出的各种食品中某有毒物质的最大容许量就是其限量标准。但实际上常需要在保障人体健康的前提下,根据具体情况进行适当调整。原则上,限量标准不能超过最大容许量。但在具体制定容许限量标准的界限标准时,往往需考虑较为严格或稍加放宽,这主要应根据该物质的毒性特点和人类实际摄入情况而定。例如,该物质在人体内是否易于排泄解毒或蓄积性很强或在代谢过程中可能形成毒性更强的物质;该物质仅具有一般易于控制的毒性或可特异性地损害重要器官、系统或具有致癌、致畸和致突变作用。凡属于前者可略予放宽，属后者应严加控制。再如：含有该物质的食品属于季节性食品甚至偶尔食用还是长年大量食用，是供健康成人食用还是专供儿童、病人等特殊人群食用，该物质在烹调加工过程中是易于挥发、被破坏还是性质极为稳定，该物质在生产、储存过程中是必需的还是必要性不大等，凡属前者可略予加宽，属后者则应从严掌握。另外，还应对污染或残留该有毒物质的食品进行符合统计学样本量的抽样检测。如果在原料和工艺稳定的情况下，食品中有毒物质实际污染或残留量小于前述研究获得的最大容许量，那么以实际污染或残留量制定限量标准既安全，又符合实际。在最大限量标准的制定过程中，还应收集和参考有关权威机构的分析和评价结果，如 JECFA 和 JMPR（FAO/WHO 农药残留联合专家组）等认可的各种毒理学评价结果、暴露评估结论、ADI 值等。标准制定之后，还需进行验证，包括人群调查和重复必要的动物试验等。

四、国际食品安全标准体系概况

（一）国际食品法典委员会（CAC）简介

1961 年，FAO 和 WHO 召开会议，讨论建立一套国际食品标准，以指导日趋发展的全球食品工业，保护人类健康，促进食品的公平国际贸易。其后，两组织联合成立了食品法典委员会（Codex Alimentarius Commission，CAC）。截至 2010 年，CAC 共有包括我国在内的 183 个成员国，覆盖全球 98% 的人口。CAC 的首要职责是保护消费者健康和保证食品国际贸易的公平性，其主要工作内容包括：（1）制定推荐性的食品标准及食品加工规范；（2）促进国际政府和非政府组织间有关食品标准工作的协作并协调各国的食品标准；（3）指导各成员国和全球食品安全标准体系的建立。

（二）各成员国推荐的有关食品标准及食品法典（Codex Alimentarius）

各成员国推荐的有关食品标准包括所有加工、半加工食品或食品原料的标准，有关食品卫生、食品添加剂、农药残留、污染物、标签及说明、采样与分析方法等方面的通用条款及准则。食品法典还包括食品加工的卫生规范和其他指导性条款。

食品法典是推荐性的标准，它不对国际食品贸易构成直接的强制约束力。但由于它是在大量科学研究的基础上制定并经各成员国协商确定的，因此，食品法典具有科学性、协调性和权威性，在国际食品贸易中有举足轻重的作用。食品法典已被 WTO 在其 SPS 协定中认可为解决国际食品贸易争端的依据之一，故已成为公认的食品安全国际标准。

（三）食品法典标准与我国食品安全标准

在我国食品安全标准的制定与修订过程中，应尽可能合理地采用或参考国际食品法典标准。另一方面，我国也应进一步加强法典标准制定的参与力度，尽最大可能使法典标准符合我国的利益和具体情况。在我国缺乏相关基础数据的情况下，应积极采纳 WHO/FAO 相关专家组织和权威机构的风险评估结果和科学数据，在参考食品法典标准的同时，制定适合本国的风险管理措施。在我国有大量科学数据的领域，则应坚持应用风险分析的原则，自主制定我国的食品安全标准，以确保我国人民的健康。

第十章

食品安全事故案例分析

食品安全事故：前车之鉴，后事之师

常言道："国以民为本，民以食为天，食以安为先。"食品是人类生存的第一需要，食品安全直接关系着人民群众的生活，关系着子孙后代的幸福和民族的兴旺昌盛。不讲食品安全，哪怕是一块豆腐、一根豆芽，都能让人身体残缺；不懂食品安全，哪怕是小小的一包盐，就能中断人体免疫系统的正常运行；不要食品安全，哪怕只是小小的一个意念，就能让生机勃勃的生命处于危险之中。2008年以来发生的"三聚氰胺"奶粉事件、广东的"瘦肉精"事件，令人望肉而却步；号称生命杀手的"苏丹红"竟出现在很多人最喜欢吃的辣味食品里；地沟油、上海染色馒头、辽宁毒豆芽等食品安全事件频频发生，给了我们太多的教训。前车之鉴，后事之师。深入剖析近年来发生的食品安全事故典型案例，总结食品安全事故发生、事故处置过程中的经验和教训，深刻反思我们的不足，从历次食品安全事故中吸取有益的教训，可以有效杜绝惨剧再次发生，可以让我们再次面对这样的事件时不再这么无知和无助。

一、三聚氰胺污染婴幼儿奶粉事件

（一）事件经过

2008年9月，我国发生了三鹿奶粉含三聚氰胺致婴幼儿患肾结石的重大食品安全事故。

自2007年12月起，石家庄三鹿集团公司陆续接到消费者关于婴幼儿食用三鹿牌奶粉出现疾患的投诉，但是该公司给出的回应是产品没有问题。

从 2008 年 3 月开始,南京鼓楼医院泌尿外科孙西钊教授陆续接到了南京儿童医院送来的 10 例泌尿结石样本。经国内先进的结石红外光谱自动分析系统分析发现,这是一种极其罕见的结石,而且都发生在尚在喝奶的婴儿身上。

2008 年 6 月 28 日,位于甘肃省兰州市的中国人民解放军第一医院收治了首例患"肾结石"病症的婴幼儿,其后陆续有相同病症的婴幼儿前来就诊,在短短的两个多月内,该医院收治的患婴人数就迅速扩大到 14 名。据许多家长反映,孩子从出生起就一直食用河北石家庄三鹿集团所生产的三鹿婴幼儿奶粉。

2008 年上半年,除甘肃省外,全国至少还有 8 个省市的医院分别收治了 3~20 例结石婴幼儿,这批突如其来的患儿给具有丰富临床经验的泌尿外科医生们带来了巨大的困惑。专家们表示,肾结石常见于成人,在婴幼儿阶段非常少见,几年都不见一例,如此大规模出现这样的罕见病例,实属反常。

医院及时将反常情况上报给地方政府和卫生部,卫生部要求各医疗机构全力救治患儿。各省市卫生行政部门组织开展流行病学调查,对婴儿泌尿结石病因进行调查分析。有关部门对患儿使用的三鹿奶粉进行突击抽查,背后元凶三鹿奶粉逐渐浮出水面。

9 月 13 日,党中央、国务院对严肃处理三鹿牌婴幼儿奶粉事件做出部署,立即启动国家重大食品安全事故 I 级响应,并成立应急处置领导小组。卫生部党组书记高强在三鹿牌婴幼儿配方奶粉重大安全事故情况发布会上指出,"三鹿牌婴幼儿配方奶粉"事故是一起重大的食品安全事故。三鹿牌部分批次奶粉中含有的三聚氰胺是不法分子为增加原料奶或奶粉的蛋白含量而人为加入的。

至此,婴幼儿因食用奶粉导致泌尿系统结石的根源基本有了定论。经查,除三鹿奶粉外,全国有 22 家婴幼儿奶粉生产企业 69 批次产品中检出三聚氰胺,包括光明、蒙牛等龙头企业。

(二) 事件启示

三聚氰胺污染奶粉,造成了全国范围内大量婴幼儿患病。据卫生部有关数据,截至 2008 年 12 月底,全国累计免费筛查可能食用被三聚氰胺污染的奶粉人数达 2240.1 万人,累计报告患儿 29.6 万人,住院患儿 52898 人,6 名患儿死亡。国家为处理该事件启动国家重大食品安全事故 I 级响应,大问题暴露出大漏洞。同时,该事件也给中国的奶粉乃至食品的声誉造成了非常恶劣的影响。

1. 企业失律

近年来,乳制品行业加工能力增长过快,原料奶供应难以支撑,不能协调发展。一些企业自律缺失，见利忘义，有心照不宣的"默契"，丧失了基本的道德良知，导致了问题奶粉事件的发生和发展。白色结晶粉末、没有特别的味道和气味、添加后不易被发现的三聚氰胺给了不法分子可乘之机。三聚氰胺含氮量达 66%，且成本很低。估算表明，要使蛋白质指标增加一个百分点，用三聚氰胺的花费仅为真实蛋白质原料的 1/5，在饲料、牛奶盒奶粉中添加少量三聚氰胺即可提高蛋白质含量指标，使得不法分子趋之若鹜。利益驱使黑心生产加工者无视道德和法律的约束，铤而走险，以生命的代价换取巨额利润。

2. 监管缺位

一个时期以来，监管部门推行的免检产品认定、质量安全标志制度、产品抽检等手段都没有真正起到保障食品安全的作用。我国食品安全实行分段管理，事件发生当时至少有农业、卫生、质检、工商四个行政管理部门对乳制品实施监管，多头管理成本高、效率低，不仅给企业增加了负担，而且容易产生"好处大家抢，难题相互推"的现象。监管不到位增加了食品安全事故发生的可能性。

3. 检测标准缺失

原乳品国家标准中，蛋白质含量是最重要的指标。目前通用的蛋白质含量检测方法——凯氏定氮法存在极大的缺陷。目前，国内还没有准确测定食品、饲料中蛋白质含量的标准，对三聚氰胺等高含氮非蛋白质物质的检测也是空白，更缺乏准确测定食品中违禁物质的强制性要求。然而，由于食品中不能添加的物质远比能添加的多，对每种食品都进行有毒物质彻查也不现实。例如，奶粉中即便不含三聚氰胺，还可能含有甘氨酸和水解动物蛋白。因此，检验"合格"的食品不一定安全。这种危害的不确定性就是食品的风险性。因此，真正意义上的食品安全不能仅依靠检测，而应落实危害分析和关键控制点等成熟体系，通过对所有危害因素进行识别、评估和控制，实施全程监控和监管。

当然，要保障食品安全，非一朝一夕之功，需要企业家、监管部门、消费者的共同参与和治理，需要完善法律体系、强化监管力度，需要增加科技投入、强化科技研发，需要完善市场准入制度、完善食品安全标准及检验监测体系，需要借鉴发达国家的经验，使食品安全监管模式由"综合协调、分段监管、环节监管为主，品种监管为辅"向"单一部门管理、品种监管为主，环节监管为辅"转化。只有通过这些措施的逐步实施，方可确保食品安全问题的彻底解决。

二、农村宴席酿事故

（一）事件经过

2009 年 8 月 1 日是某村村民的 60 岁大寿，为表孝心，儿女们张罗着要给老人举办寿宴，邀请全村邻居参加。为举办寿宴，特请了当地比较有名的 3 位厨师参与寿宴的食物加工制作。7 月 31 日，寿宴主人宰杀了自家养的一头猪为制作菜肴用，猪头被煮熟后在冷水中存放过夜，当时室温约 24℃。次日上午，将猪头肉切片，用开水烫过后捞出，将猪头肉、粉条混合，并加入调料拌匀，制成猪头肉凉拌粉条后在无冷藏的条件下放至晚上供餐。8 月 1 日 11:00 左右，1 名厨师已出现腹泻、头昏、乏力等症状，但坚持加工完当天食物。在加工猪头肉凉拌粉条时，该厨师未佩戴一次性手套而直接用手搅拌。

当天共有 304 人参加寿宴，分三个批次进餐，非常热闹，参加宴席的宾客纷纷给老人祝寿。宴席结束以后，当天 23:00 起，参加寿宴的人陆续出现了腹痛、腹泻、呕吐、头痛、头晕等症状，先后有 132 人发病。好好的一个寿宴怎么会演变成一个比较重大的食品安全事故呢？

现场调查发现，制作宴席菜肴的厨房卫生条件差、储存食品无防蝇设备、苍蝇密度极大、生熟未分、家中无冷藏设备，不具备举办宴席的条件。随着调查的逐步深入，焦点逐渐聚集到当天食用的猪头肉凉拌粉条上，在其加工过程中存在导致一些致病菌污染、增殖及存活的因素：一是猪肉煮熟后在室温下存放时间超过 24h；二是次日加工仅用开水烫后即捞出，未经彻底加热；三是加工过程中，使用刀具、菜板和炊具时生熟不分；四是已出现腹泻症状的厨师仍参与宴席的食物制作，且直接用手拌制猪头肉凉拌粉条；五是宴席前拌好的猪头肉凉拌粉条在室温下放置时间达到 4~8h。

实验室检验结果也证实了现场调查推论，在 3 例病人的肛拭子和猪头肉凉拌粉条中均检出沙门菌。

（二）背景介绍

调查显示，我国每年发生的细菌性食物中毒事件中，由沙门菌引起的食物中毒占食物中毒总数的 80%。可以说，由沙门菌引起的食源性疾病是我国最主要的食源性疾病之一。

沙门菌藏身于我们日常生活的食物中，尤以动物为其宿主，家禽如鸡、鸭、鹅等，家畜如猪、牛、羊、马等，野生动物如鼠类、兽类，均可带菌。被污染或滞留在常温下的肉类可含有大量沙门菌。若超过保鲜期或在 4℃ 以上保存，沙门菌最容易繁殖。实验表明，置于 4℃ 环境中的肉类，沙门菌每 20min 增加一倍。沙门菌也存在于蛋类（鸡蛋、鸭蛋等）和其他食物（火腿、香肠等)中。

（三）预防和控制措施

一是防止食品特别是肉类等动物性食品被沙门菌污染；二是低温条件下运输、储存食品，控制食品中沙门菌的繁殖，一定要做到在加工及储存过程中生、熟肉食品分开，杜绝交叉污染发生；三是彻底杀灭病原菌。通过加热杀灭病原菌是防止食物中毒的关键，但是必须达到有效的温度，肉块的深部温度至少要达到80℃，并持续12min以上。已制成的熟食品不要存放过久，以免被再次污染；若熟食品存放时间过长，食前要进行彻底加热处理。

（四）特别提醒

随着经济的发展和人民生活水平的提高，农村聚餐的名目增多，规模扩大，近年来由农村宴席引起的食物中毒事件时有发生。农村聚餐存在较高的食品安全隐患，临时厨师和帮忙人员无健康合格证，食品安全卫生意识缺乏，食品加工场所环境卫生差，餐、厨用具未经消毒，容器生熟不分，生活饮用水不符合卫生标准，食品存在交叉污染现象，容易导致食物中毒事件发生。这凸显中国农村自办宴席卫生监督管理薄弱、农村人民群众卫生安全意识差等一系列问题。因而有必要加强对农村群众的健康宣教工作，提高其卫生安全意识，预防类似事件的发生。

三、学校食堂肉圆放倒一片学生

（一）事件经过

2012年3月8日，某中学食堂发生一起由金黄色葡萄球菌肠毒素引起的细菌性食物中毒事件。该中学食堂共有21名工作人员，其中厨师3名，勤杂工作人员18名。3月6日，该中学食堂厨师许某不小心把食指划伤，当时并未在意，坚持在食堂进行食品加工操作，进而造成伤口化脓。3月8日凌晨，由肉糜供应商将加工好的碎肉糜用塑料马甲袋盛装后，于当日7:00左右送到该中学食堂，由厨师长许某将碎肉糜开始放入调味品，用手进行拌料，拌好后由三名厨师制成生肉圆，上午9:00左右开始烧制，10:00左右烧制结束后盛入不锈钢盆中，放入配菜间，11:00左右分发到学生餐桌，供学生食用。

中午有1571名学生在学校食堂用餐，从15:00左右开始陆续有学生出现上腹部不适、恶心、呕吐等症状，共有23名学生到医院治疗，在当地引起了较大的影响。

调查人员对学校食堂剩余的食物和部分病人吐泻物进行了采样检测，结果显示其中1份肉圆中检出金黄色葡萄球菌肠毒素，部分病人吐泻物中检出金黄色葡萄球菌，由此进一步证实该食物中毒事件是由食堂提供的受金黄色葡萄球菌及肠毒素污染的肉圆引起的。

（二）背景介绍

金黄色葡萄球菌（下简称金葡菌）是人类的重要病原菌之一。它广泛分布在空气、土壤、水和餐具上，主要污染源是人和动物。

金葡菌对人类的最大危害是引发食物中毒。食物中含有蛋白质、糖类、脂肪、无机盐、维生素和水分等成分，这些都是细菌良好的培养基，因此细菌污染食物后很容易迅速生长繁殖，造成食物变质。最容易被金葡菌污染的食物有肉、禽、蛋、水产品等动物性食品，含淀粉较多的糕、凉粉、剩米饭、米酒也会因污染而引起中毒。此外，用奶制作的冰激凌、冰棍和奶油糕点等食物也较易被金葡菌污染。

不过，金葡菌虽然是祸首，但它本身并不会直接引起食物中毒，引起食物中毒的是它产生的肠毒素。肠毒素对肠道破坏性大，进入人体消化道后被吸收进入血液，刺激中枢神经，会出现恶心、反复呕吐、胃痉挛和腹泻等急性肠胃炎症状。通常在每克食物样品中金葡菌大于 10 万菌落数时，就可能产生足够浓度的肠毒素，引起食物中毒。

很多人认为加热可以灭菌，那么是不是只需要把食物加热之后，就可以避免金葡菌肠毒素造成的食物中毒呢？金葡菌不怕冷，可以在冰激凌里存活数年；但是它们却比较怕热，在 70℃ 以上的温度加热数分钟就可以将它们完全杀死，刚煮熟的食物中不会含有活的金葡菌。因此，在食物上生成足够浓度的肠毒素之前，加热是有效的。然而，肠毒素却十分耐热，常规烹饪等处理方式无法清除肠毒素。如果食物中已经有金葡菌大量繁殖产生的肠毒素，即使把食物充分煮熟后食用，依然可造成食物中毒。因此，食物如果曾经被金葡菌污染，然后又经过加热，有关金葡菌的检测结果可能为"合格"，但同样可能存在足以致病的肠毒素，造成食物中毒。因而，通过加热来清除肠毒素并不是十分可靠的手段。

（三）预防和控制措施

要避免食物中毒，需要平时多注意卫生健康管理，科学、合理地储存食品，做好各方面的预防工作。

一是要让食物避免接触污染源。人和动物是金葡菌的主要污染源。食品加工人员、炊事员、食品销售人员、保育员等人群要定期体检，患有疖疮、手指化脓等局部化脓性感染疾病的人，及患有鼻窦炎、化脓性咽炎、口腔疾病的人，要暂时调离工作岗位。本案例造成食物中毒的最终原因可能就是厨师手指化脓后没有离开工作岗位继续进行食品加工而污染食物造成的。食品操作人员一定要戴口罩、手套等防护用具。患有化脓感染性疾病的禽畜肉不能食用,奶牛患化脓性乳腺炎时,其奶不能饮用。

二是不要在温暖的环境下长时间储存食物。金葡菌最适合生长的温度为35℃~37℃,产生肠毒素的最佳温度为21℃~37℃。因此,在温暖环境下存放食物风险较大。如红薯、谷类等含淀粉类食物污染金葡菌后,在21℃~37℃下超过4h就有肠毒素产生;而在6℃时则需要18h才能产生肠毒素。食物即使被金葡菌污染,如果没有在较高温度下保存较长时间,即没有形成肠毒素的适合条件,就不会引起中毒。因此建议,如果食物要保存2h以上,要么在60℃以上保温,要么在4℃以下冷藏。

三是要养成良好的餐饮卫生习惯。曾有报道,在美国佛罗里达州的一次聚会上,在烤好火腿之后,用未洗净的刀来切,最终导致金葡菌大量繁殖毒素,引起30多人中毒。所以,在烹调食物和进餐前要注意洗手,接触生鱼、生肉和生禽后应再次洗手,以防交叉污染。另外,生食和熟食的炊具要分开使用,做好食具、炊具的清洗消毒工作。

四、食用自制臭豆腐也能中毒

（一）事件经过

某村62岁的村民陈某丧夫后过着独居生活。4月中旬的一天,她在家门口买豆腐时向卖豆腐者询问臭豆腐的制作方法后,随即买下3kg豆腐,回家后按照卖豆腐者介绍的方法制作了一盆臭豆腐坯,用塑料薄膜将盆口密闭后放在灶台边进行发酵。

4月23日,陈某开始食用自制的臭豆腐,4月24日出现头晕、口干、腹胀、吞咽困难、眼睑下垂等中毒症状。从4月25日至5月3日,陈某先后在村诊所、乡镇卫生院、县中医院、市某医院进行治疗,病情不仅没有好转,反而逐渐加重,于5月3日市某医院将陈某因食用自制臭豆腐引起肉毒毒素中毒误诊为脑中风,经抢救无效而死亡。陈某的家人及街访邻居在为其办理丧事的过程中,于5月4日上午有17人将陈某剩下的臭豆腐吃净,从而又导致这17人肉毒中毒。

向疾控部门报告该事件后,经省市专家对材料的分析后确定为一起因食用自制臭豆腐引起的肉毒中毒事件,于是立即应用抗肉毒毒素血清进行治疗。后续中毒者中除一人因食用臭豆腐量大、中毒症状重于5月12日下午死亡外,其余16名中毒病人经临床诊治后痊愈出院。

（二）背景介绍

肉毒杆菌是一种只能在无氧条件下生长的细菌,存在于土壤、鱼、家畜的肠内及粪便中,亦可附着在水果、蔬菜、罐头、火腿、腊肠肉里而大量繁殖外毒素。它的芽孢耐热力强,在沸水中可存活 5~22h,湿热至 120℃,须经 5min 才能死亡。肉毒杆菌中毒并不是致病菌直接引起的,而是由肉毒杆菌产生的外毒素所致,它专门侵害人类的神经系统,成人致死量为 0.01mg。但这种毒素的弱点是易被碱和热破坏,加热至 80℃ 30~60min 或 100℃ 10~15min 就可被破坏,暴露于日光下亦可迅速失去毒力。

肉毒杆菌毒素中毒的临床表现与其他食物中毒的表现不同,胃肠道症状并不明显,也不发热,主要是神经末梢麻痹的表现。病初表现为头晕、头痛、全身无力,尤其以颈部无力最明显,因而抬头困难;继之有四肢麻木、舌头发硬;接着可发生各种肌群麻痹。儿童常表现为面部无表情、视物模糊、睁眼困难,有时还有斜视,眼球运动也受到限制;由于负责吞咽的肌肉麻痹,咀嚼、吞咽也有困难,吃东西时呛咳,说话不清楚,甚至完全发不出声音;由于口腔分泌物聚集在咽部,极容易被误吸入呼吸道引起吸入性肺炎,最终可因呼吸肌麻痹造成呼吸衰竭,这也是引起该病死亡的主要原因。

肉毒杆菌中毒的判断:有食被污染的食物史,常集体中毒;此菌主要侵犯神经系统,引起复视、肌肉麻痹、呼吸困难等症,并有脑水肿和脑充血。

（三）预防和控制措施

讲究卫生、不吃腐败变质的食物是预防该病的关键。对密封储存时间较长,颜色和气味已发生改变的可疑污染食物,尤其是肉类食物,必须经高温烧煮 15min 以上方可食用;罐头食品如果已经有罐盖鼓起或色香味改变,必须煮沸后扔掉,以杀灭细菌,防止继续污染其他食物;自制发酵酱类时,盐量要达到 14% 以上,并提高发酵温度,要经常日晒,充分搅拌,使氧气供应充分,防止细菌繁殖;如果经有关部门鉴定已吃进的食物中确实含有肉毒杆菌外毒素,或因吃同样食物已有人发生肉毒杆菌中毒时,应立即去医院接受抗肉毒免疫血清治疗。

（四）特别提醒

本案首例中毒者虽然肉毒中毒症状非常典型,但由于接诊医生缺乏对肉毒中毒的临床诊断经验,陈某未能得到及时有效的治疗。陈某中毒症状出现后,接诊医生如果能够给予正确的诊断并及时向当地卫生行政及疾控部门报告,随后的 17 人中毒事件是完全可以避免发生的。通过本案告诫基层医务工作者,在接诊病人时一定要注重收集病史资料,拓宽思路,提高正确诊断率。

五、"拼死吃河豚",使不得

（一）事件经过

2009 年 2 月 15 日 18:00 左右,东南沿海一个小村庄的村民王某在回家的路上经过一个小镇的流动摊贩处,看到有新鲜的河豚卖,非常高兴。作为海边的渔民,他知道河豚虽然含有剧毒,但是味道鲜美,认为处理得当可以将河豚的毒素去除而一饱口福,于是他买了一条约 1.5kg 的河豚,回家后经加工、弃除内脏、洗净后水煮烹调,当日 21:00 许,与其妻、女共同进食。王某食用河豚鱼肉约 200g,同时饮用白酒配食;其妻食用约 100g 河豚鱼肉;其女儿只食用河豚鱼肉约 15g。22:00 许,王某感觉四肢无力、口唇发麻、脸部麻痹。虽然其亲属马上将他送当地医院抢救,医院也采取了催吐、洗胃和对症治疗措施,但是病情未得到好转,于第二天凌晨死亡。其妻杨某和其女儿在王某死亡以后也先后发病,当即被送到医院抢救。虽然母女二人经过对症治疗,10 余天后痊愈出院,但是面对已经逝去的家人和破碎的家庭,后悔不已。

(二) 背景介绍

河豚又名鲀,是一种无鳞鱼,口小,上下颌骨各两个,喙状牙板,体态圆胖,腹皮呈白色,食管向前腹侧及后腹侧扩大成囊,遇敌害时能吸水吸气使胸腹膨大如球,所以也有人称之为"气泡鱼"。我国沿海各地及长江下游均有出产,共有 40 多种。

河豚的有毒成分为河豚毒,是很强的神经毒素,大多分布在鱼的卵巢、睾丸、肝、胃肠、皮肤、血液,肌肉内也有少量毒素。其毒性的强弱与河豚的品种和季节有很大关系。每年的 2—5 月份是河豚产卵的季节,此期河豚的毒性最强。本起食物中毒事件正发生于河豚的产卵期。

河豚毒素理化性质比较稳定,能溶于水,对日晒、30% NaCl 腌制和一般加热不能破坏。即使加热 100℃10min 或 116℃高压加热,也不能完全破坏河豚毒素,只有高温加热 120℃20~60min 方能破坏其毒素。因此,一般烹调方法或者采用腌制、晒干的方法不能破坏其毒素。

河豚中毒毒性大,毒性致死量小,病死率高,来势凶猛,潜伏期短,几乎没有先兆症状。目前尚无特效解毒药,主要采用催吐、洗胃、导泻以及对症治疗,治疗应当分秒必争。从本起河豚中毒的发病状况可看出,食量越大,潜伏期越短,症状越严重。

(三) 预防和控制措施

河豚中毒的原因主要有以下几个:一是不能识别河豚,不懂或不完全懂得河豚的毒性,以致误食;二是明知河豚有毒,但因加工处理不当引起中毒;三是将废弃的河豚鱼籽、内脏看作普通的鱼籽和内脏,捡食后引起中毒。针对群众缺乏有关河豚知识的情况,必须继续广泛、深入地对群众做好宣传工作,告知河豚及其制品不可食。同时,要继续加大市场监管力度,严禁河豚及其制品上市;在水产品市场,要用显眼的文字向广大群众告诫严禁河豚及其制品上市。

六、误食野生毒蘑菇酿惨剧

（一）事件经过

2007年10月3日，某村19名村民在同村魏某家帮忙收蚕茧。为感谢大家的帮忙，魏某中午准备了丰盛的饭菜，特地从山上采摘了新鲜蘑菇，做了拿手的蘑菇炒鸡蛋给客人食用。中午12:00，帮忙的19人加上魏某自家5人，共24人开始就餐。由于蘑菇炒鸡蛋特别好吃，客人全部吃完，而魏某一家5人未曾食用。当天晚上10:00，中午共同进餐的19人因陆续出现恶心、呕吐、腹痛、腹泻等症状而被送往医院。医生检查发现，多名患者出现实质性脏器损害表现：肝大、黄疸、肝功能异常、少尿、烦躁不安、昏迷、抽搐、休克等，医院诊断为毒蘑菇中毒。这19名患者经过对症治疗，除1人死亡外，其余的人于10日后痊愈出院。

检验机构从患者的呕吐物、加工食品的刀具中检出毒伞肽，经魏某家人对有毒蘑菇的彩色图谱进行辨认，确认他们采摘的蘑菇为鳞柄白毒伞，从而确认造成本次食物中毒的中毒食品为鳞柄白毒伞。

（二）背景介绍

近年来，野生蘑菇中毒频繁发生。由于有毒蘑菇只要食用少量即可能致死，目前医学界还没有治疗蘑菇中毒的特效药，因而病死率很高。卫生部的统计数据显示，误食毒蘑菇造成死亡的人数占全部食物中毒死亡人数的30%以上，可见其危害之大。

蘑菇属于真菌植物。在我国，蘑菇种类极多，大多数蘑菇味道鲜美且可以食用，但是在众多蘑菇中有少部分为毒蘑菇。据资料记载，可致死亡的至少有10种。由于野生蘑菇种类繁多，仅凭肉眼很难鉴别哪种蘑菇有毒，哪种蘑菇无毒，所以容易因误食而引起中毒。本案例就是因为没有正确区分毒蘑菇和可食用蘑菇而造成了严重的后果。

（三）预防和控制措施

加大宣传力度，对广大群众特别是农村居民开展关于有毒蘑菇的宣传教育。杜绝毒蘑菇中毒的关键是绝对不要采摘和食用不认识的野生菌，以免造成不可挽回的后果。

（四）特别提醒

很多人自认为经验丰富，多年来一直食用都没事。事实上，野生蘑菇也存在着变异，不能仅凭经验。另外，如果有毒野生蘑菇的孢子随风吹落到无毒野生蘑菇上，会导致无毒野生蘑菇变成有毒野生蘑菇。

当前，各种辨别有毒蘑菇的经验和方法看似科学可靠，实际上都禁不起推敲,都不可靠,这也是目前发生误食中毒的主要原因。例如,很多人认为颜色鲜艳、样子好看或菌盖上长疣子、不生蛆、不长虫子,有腥、辣、苦、酸和臭味的,碰坏后容易变色或流乳状汁液的蘑菇有毒,以及煮时能使银器或大蒜变黑的蘑菇有毒等。实际上,造成上述食物中毒的白毒伞和毒伞等有毒蘑菇鲜味宜人,无苦味,颜色并不鲜艳,样子也不好看,碰坏后又不变色,煮时也不能使银器或大蒜变黑,却含有致命的毒素;豹斑毒伞生蛆,它甚至能把这种毒蘑菇吃光;裂丝盖伞既无乳状汁液,又无苦味,菌盖上也不长疣子,却同样有毒。因而,对人民群众特别是农村居民开展关于有毒蘑菇的宣传教育尤为重要,同时要消除在辨别毒蘑菇方面存在的误区。

七、亚硝酸盐惹的祸,祖孙三代齐中毒

(一)事件经过

一天晚上七点多钟,南京医科大学附属第二医院急诊科同时收治了3位重症患者,送患者前来的家属介绍说三人系一家祖孙三代:祖母、母亲、孙子。他们三人在家吃过饭后约20min,陆续出现胸闷、心慌、恶心、乏力等症状,家人怀疑他们吃了不洁食物,就赶紧送患者到医院急诊。细心的急诊医生检查发现,这祖孙三人的症状并不像其家人所判断的那样得了急性胃肠炎,因为三人的口唇、耳垂、四肢末梢均严重发绀,再一测其血氧饱和度,只有60%,已经处于濒危状态,很像亚硝酸盐中毒的征象。

医生们高度重视,一边积极采取有效的措施——面罩吸氧、催吐洗胃,一边继续询问家属有否接触亚硝酸盐的可能,同时,运用亚硝酸盐的有效解毒剂——亚甲蓝,为祖孙三人中身体状态相对好一点的妈妈先行试验性解毒。10min后,妈妈的血氧饱和度即上升到90%,并很快接近正常水平。结果完全证实了医务人员的判断。于是,医生们立刻为奶奶和小孙子也挂上这种特效解毒试剂——亚甲蓝。最终,祖孙三人的症状都得到缓解,生命体征都稳定下来。

惊魂稍定之后,这位家属回忆起,前几天搬家时将一个疑是装有食盐的塑料口袋放在了灶台上,那应该就是家里用于腌制肉食的亚硝酸盐,肯定是被家人当作食用盐烧菜用了,这下差点害了一家三口人的性命。面对着死里逃生的亲人,这位家属懊悔不已。

(二)背景介绍

在食物中毒中,亚硝酸盐中毒非常多见。引起亚硝酸盐中毒的原因如下:一是误用、误食。由于亚硝酸盐外观类似于精制食用盐,在食品加工中易被当作食用盐使用,这是引起亚硝酸盐中毒的主要原因。二是贮存过久的新鲜蔬菜、腐烂蔬菜及放置过久的煮熟蔬菜。这些菜内的硝酸盐在硝酸盐还原菌的作用下已被转化为亚硝酸盐。三是腌制时间不久的蔬菜(暴腌菜)含有大量亚硝酸盐,一般于腌制后 20d 消失。四是有些地区饮用水中含有较多的硝酸盐,当用该水煮粥或食物后,再在不洁的锅内放置过夜,则硝酸盐在细菌的作用下还原为亚硝酸盐。五是食用蔬菜(特别是叶菜)过多时,大量硝酸盐进入肠道。若肠道消化功能欠佳,则肠道内的细菌可将硝酸盐还原为亚硝酸盐。六是食品加工过程中过量使用亚硝酸盐,比如熟猪头肉、烧鸡等。

(三)预防和控制措施

针对不同的中毒原因,可采取如下预防措施:(1)加强宣传教育,让更多的人尤其是食品加工销售人员了解亚硝酸盐对人体的危害,从而在源头上杜绝发生此类中毒事件;(2)蔬菜应妥善保存,防止腐烂,不吃腐烂的蔬菜;(3)食剩的熟菜不可在高温下长时间存放后再食用;(4)勿食大量刚腌的菜,腌菜时应多放盐,至少腌制 15d 以上再食用;(5)现腌的菜最好马上就吃,不能存放过久,腌菜时选用新鲜菜;(6)不要在短时间内吃大量叶菜类蔬菜,或先用开水焯 5min,弃汤后再烹调;(7)肉制品中硝酸盐和亚硝酸盐用量要严格控制在国家卫生标准限量内,不可多加;(8)苦井水勿用于煮粥,尤其勿存放过夜;(9)防止错把亚硝酸盐当作食盐或碱面用。

八、一篮子红薯叶要了她的命

(一)事件经过

2009 年 8 月 13 日 14:00 左右,某村村民黄某在村东一块红薯地采了一篮子红薯叶,18:00 左右加工煮熟后拌成凉菜,一家四口人食用,并送给其邻居张某、程某两人食用。黄某吃过红薯叶后,20:00 开始感觉发热、出汗、乏力,自认为是中暑,喝了瓶藿香正气水后不见好转,于当晚 22:00 左右到卫生院门诊部进行治疗,经洗胃、输液治疗后不见好转,于当晚 24:00 左右死亡。张某、陈某等 5 人随即到县医院进行洗胃、输液治疗,于 2009 年 8 月 14 日凌晨 1:00 左右转入市医院治疗。主治医生询问了治疗情况,并向患者的家属询问了患者的临床症状与发病经过。经调查,根据患者有恶心、多汗、头晕、头痛、呕吐、腹痛等症状,和患者全血胆碱酯酶活性为正常值 35% ~69% 的检验结果,判断为有机磷农药中毒,并采取相应的治疗措施。所有患者住院治疗 1 周后全部痊愈。

经过现场调查,在黄某家和程某家剩余红薯叶凉拌菜中均检出了高浓度的有机磷农药,从而确定这起食物中毒事件是由于食用含有机磷农药的红薯叶凉拌菜引起的。

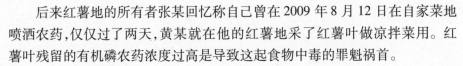

后来红薯地的所有者张某回忆称自己曾在2009年8月12日在自家菜地喷洒农药,仅仅过了两天,黄某就在他的红薯地采了红薯叶做凉拌菜用。红薯叶残留的有机磷农药浓度过高是导致这起食物中毒的罪魁祸首。

（二）背景介绍

有机磷农药在农业生产中使用非常广泛,再加上滥用或乱用,有机磷农药残留浓度过高导致食物中毒事件屡见不鲜。如果喷洒过有机磷农药的农作物没达到安全期就上市,且在食用前又未严格清洗,极易造成因农药残留浓度过高而引起食物中毒。有资料报道,蔬菜中有机磷农药残留阳性率高达40％以上,这么高的残留率很难不发生食物中毒事件。因此,加强蔬菜农药中残留的管理非常重要。

（三）预防和控制措施

（1）加强对农药生产、经营和使用的监督管理,使用农药应当遵守国家有关农药安全、合理使用的规定,按照规定的用药量、用药次数、用药方法和安全间隔期施药,剧毒、高毒农药不得用于蔬菜、瓜果、茶叶和中草药材,更不得为了防止蔬菜烂根,直接用农药灌根。

（2）严禁采摘和食用喷洒过有机磷农药未超过安全间隔期的瓜、果、蔬菜,严禁粮食、瓜、果、蔬菜和其他食品与有机磷农药混装运送,严禁食用有机磷农药拌过的种谷。

（3）加强食品从业人员的卫生知识培训,加强市民的健康教育。在加工、食用蔬菜水果前,应先用食品洗涤剂清洗,再用清水反复冲洗,能去皮的最好去皮后食用,以防止类似中毒事件的发生。

参 考 文 献

[1] 张永慧,吴永宁.食品安全事故应急处置与案例分析[M].北京:中国质检出版社,2012.

[2] 胡晓抒,袁宝君.食源性疾病的预防控制[M].南京:南京大学出版社,2005.

[3] 孙长颢.营养与食品卫生学[M].北京:人民卫生出版社,2012.

[4] 何凡,祝小平,朱保平,等.一起布利丹沙门菌食物中毒的调查[J].中华流行病学杂志,2011,23(7):697-699.

[5] 罗志.小心金葡菌引起食物中毒[J].家庭医药,2014(01):68-69.

[6] 张立峰.一起因食用自制臭豆腐引起肉毒中毒的调查报告[J].河南预防医学杂志,2002,13(6):360-365.

[7] 刘其春.关于一起食用河豚引起食物中毒案调查引发的思考[J].中国卫生监督杂志.2010,17(3):287-289.

[8] 于素芹,赵山庆.一起食用毒蘑菇引起食物中毒的调查[J].预防医学论坛,2009,15(10):封二.

[9] 徐立环,赵青艳,李可心.一起食用野生蘑菇引起食物中毒的反思[J].中国实用医药,2007,2(3):96-97.

[10] 何松明.祖孙三代齐中毒 亚硝酸盐惹的祸[J].健康博览,2010,11:19-20.

[11] 张晓伟.农村家庭有机磷食物中毒调查分析[J].河北医药,2011,33(7):1069.

[12] 陈炳卿.营养与食品卫生学[M].4版.北京:人民卫生出版社,2001.

[13] 孙长颢.营养与食品卫生学[M].7版.北京:人民卫生出版社,2013.

[14] 吴坤.营养与食品卫生学[M].北京:人民卫生出版社,2007.

[15] 陈新峰.疾病预防控制"三基"[M].北京:人民军医出版社,2009.

[16] 胡晓抒.食源性疾病的预防控制[M].南京:南京大学出版社,2005.

[17] 郭新彪.突发公共卫生事件应急指引[M].北京:化学工业出版社,2005.